シリーズ・生命の神秘と不思議

お酒のはなし

―お酒は料理を美味しくする―

吉澤　淑 著

裳華房

まえがき

ワインは最も美味しい薬であり
最も楽しい食品であり
最も価値ある飲料である

紀元前5世紀のギリシャの医師ヒポクラテスのワインに関する名言です。当時はワインが主要な酒でしたから、酒の定義といえましょう。

酒と人との関わりは8000年前からとも5000年前からともいわれ、あまりの長さに呆然としますが、考えてみると酒ほど他と異なる食品はないでしょう。狩猟採集、耕作、いずれにせよ、人はさまざまな動植物を食してきましたが、酒はそれらとは異なり、さらに微生物を働かせて栄養価を高め、保存性を増す加工をしたいわゆる発酵食品です。

味噌や醤油、酢などの調味料や、塩辛、野菜の漬物、チーズなどさまざまな発酵食品があり、長期間の保存に耐え、美味しい食事に欠かせませんが、最近はその生理的働きが注目されています。酒はその最たるもので、栄養補給はさておき（朝晩、酒と少量の食物で暮らしている人もいるそうですが）、主として致酔飲料として用いられてきました。

酒の主成分であるエチルアルコール（以降アルコールという）は精神神経の抑制作用があり、飲酒により人を異次元の世界へいざないます。世にさまざまな興奮剤や鎮静剤がありますが、これらと酒との決定的な違いは、これらの薬品が無味無臭（多くは苦味がある）であり、薬剤としての生理作用のみを期待しているのに対して、酒は美味しい食品であることで、他の薬剤とは異なり、その働きは穏やかで、ゆっくりしており、ホロ酔いから軽い酩酊の時間が長く、人は時間をかけてその働きを楽しむことができます。

飲酒の目的は単に酔いだけではなく、「うまい」ことにもあり、アルコールの大脳皮質への働きにより、理性のタガが少し外れるので、料理への興味が高まり、味覚が鋭敏になり、料理をより美味しく、それとの相性を楽しむようになりますし、食卓を囲む人々との会話もはずみ、意思疎通への大事なコミュニケーションツールとしての働きが昔から重要視されてきました。

いつの時代でも、時の政権は酒を重要な財政物資と捉え、その製造を独占するか、販売規制して酒税を徴収し、現在も酒は重要な課税物資です。さらに酒宴には唄が供され、多くの詩や絵画が生まれるなど、酒と人との交わりは深く、広がっています。

世界各地にはさまざまな酒があり、アルコール発酵により製造されますが、それぞれの産地により気候風土や酒造原料、醸造法が異なり、固有の香味を持つさまざまな酒が製造されており、長い人との関わりの歴史を持っています。

まえがき

本書では、まず酒造の主役である酵母やカビ（黴）、乳酸菌に焦点をあて、その働きや、アルコール発酵を中心に、その生成の過程や機作や、酒の種類による相違についてわかりやすく説明し、次いで、アルコールの人への生理的働きについて触れ、世界各地での例を挙げながら、個人、社会、政治、文化など多岐にわたる酒と人との関わりを述べたいと思います。

酒を楽しむ一助になれば幸せです。

2017年6月

吉澤　淑

目次

1章　酔いの生理、適正飲酒　1

2章　酒づくりの主役たち　13
1　アルコール発酵と酵母の働き　14
2　糖化、酸生成と麦芽、麹菌、乳酸菌の働き　21

3章　酒の花束~ワイン　27
1　ワインの歴史　28
2　ワイン醸造　38

4章　ビール　渇きをいやす酒　45
1　ビールの歴史　46
2　ビール醸造　50

5章　日本酒（清酒）　59
1　日本の酒の歴史　60
2　清酒の醸造　73
6章　蒸留酒　81
7章　ワイン、ビール、清酒の香味を比較する　97
8章　きき酒　113
1　ワイン　114
2　ビール　117
3　清　酒　120
4　焼　酎　124
5　ウイスキー　126
9章　酒質による清酒のタイプ分け　131

10章　古くて新しい酒、熟成酒　139
11章　酒と料理の相性　143
12章　清酒のタイプと料理の相性　149
13章　酒の未来　161
参考にした本　166
索　引　179

1章　酔いの生理、適正飲酒

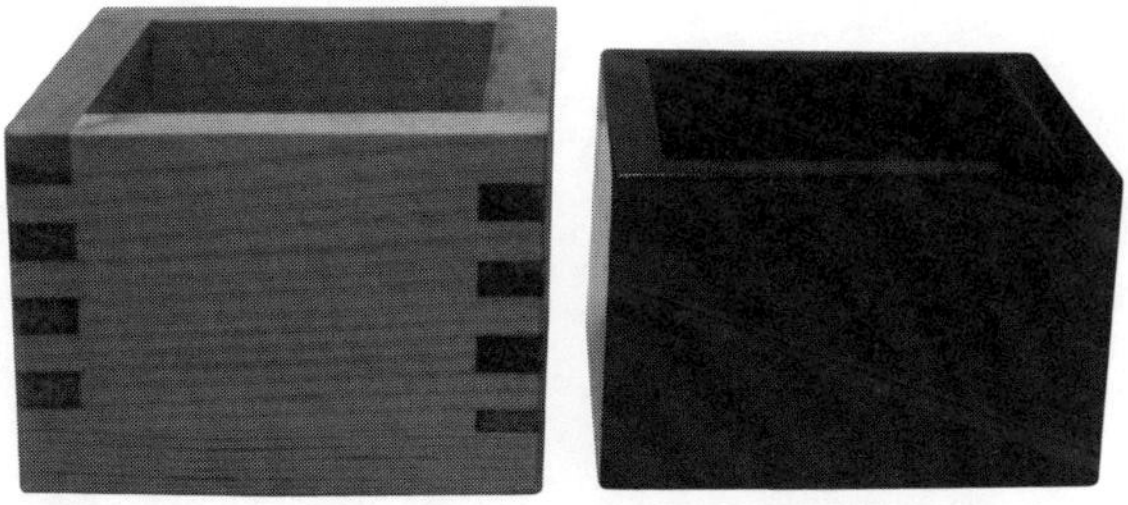

枡

ビール、ワイン、日本酒、焼酎、ウイスキー、ブランデー、リキュールと、酒店の棚には多彩なラベルが並んでいます。中国産の紹興酒やメキシコのテキーラ、ジャマイカのラムなどに料理用のみりんなども加わり、日本は居ながらにして世界の酒を楽しめる、酒飲みにとってありがたい国です。酒税法では酒を表1・1に示すように分類、整理しています。なお、日本酒については旧来の呼称、清酒と呼ばせていただきます。

これらの酒の共通点はただ一つ、アルコールを含む飲料（世界には、水分の少ない固体状で、飲酒時に加水する酒もあります）であることで、酒の最大の機能である「酔い」は摂取したアルコールによる脳神経機能の抑制にあります。「抑制」と聞くとおかしいと首をかしげる方も多いかもしれません。酒を飲むと多くの人は気分が爽快になり、料理も美味しく、同席の人との会話も活発になります。一種の興奮状態、これこそがアルコールの生理作用の特徴です。

アルコールは摂取されると胃で約20%、残りは小腸で吸収され、血液に溶け込んで体内を駆け巡ります。大事な脳を保護するため、多くの物質が侵入を拒否されますが、アルコールは脳の関門を通過して直接脳に働きかけます。

最初に抑制されるのは大脳新皮質にある抑制機構です。いわゆる「理性」で、教育や訓練により発達し、人の尊厳のよりどころですが、この抑制が外れても、本能と過去の習慣が蓄積している大脳旧皮質はなかなか麻痺しないので、感情の赴くまま談論風発など行動が活発になり、やや

表1·1　酒類の種類と品目

種　類	品　目	種　類	品　目
清　酒		ウイスキー類	ウイスキー
合成清酒			ブランデー
焼　酎	焼酎甲類	スピリッツ類	スピリッツ
	焼酎乙類		原料用アルコール
みりん		リキュール類	
ビール		雑　酒	発泡酒
果実酒類	果実酒		粉末酒
	甘味果実酒		その他の雑酒
		計10種類	計11品目

もすると大胆、無遠慮で、カラオケバーでマイクを離さなかったり、温厚な紳士が無頼漢に変わったように見えることも起きます。場所や時間の認識が失われているので、ホームのベンチで寝込み、気が付いたら終電時間は過ぎて、改めて一夜を過ごす場所探しの憂き目を見ることもありましょう。その一方で、記憶力が失われるほど酔っていても、体が記憶している習慣のおかげで無事帰宅、しかし、翌朝、前夜の失態は何も覚えていないと首をひねることにもなります。知覚神経も鈍麻しますから、宴席での多少の火傷や切り傷など意に介せず、車で混雑する道路をふらふら歩き、極端な場合、雪中で寝込み、そのまま凍死する危険も起こります。

さらに酔いがまわると小脳がコントロールしている筋肉の協調が不調になり、ロレツが回らなくなり、まっすぐに歩けず、千鳥足となります。間脳にある自律神経中枢の部分麻痺が起こると、血圧降下、嘔吐、腹痛、下痢、めまい、続いて脳貧血や食欲減退なども生じ、延髄にまで麻痺が及ぶと、意識喪失、体温低下、呼吸麻痺、最悪の場合は死亡することもあるのです。

このように、酒による酔いは、軽度の酩酊《めいてい》に至るまでかなり時間をかけて進むことが特徴で、興奮剤や鎮静剤などが薬剤投与後ただちに効力を発揮するのとはまったく異なり、酔いの変化を楽しむことも飲酒の大きな目的の一つです。

アルコールの血中濃度と酔いの状態の関係は表1・2に示すとおりですが、後述するように、アルコールの影響は個人差がきわめて大きいので、あくまでも目安と考えてください。わずか300mL程度の清酒では飲んだ気がしないとご不満な方も多くおられましょうが、要は各人がそれぞれ自分の適量を知ることが大事なのです。

血中濃度0・05~0・1%、いわゆるホロ酔いの状態で、陽気、快活、積極的になり、好奇心が旺盛で、酒や料理の味をよく評価し、同席の人々とのコミュニケーションもスムース

表1・2　アルコールの血中濃度と酩酊度

血中濃度（%）	酩　酊　度
0.05 ～ 0.1	微酔，顔が赤くなる，体温上昇，快活
0.1 ～ 0.15	軽度酩酊，多弁，多動，指のふるえ
0.15 ～ 0.25	中等度酩酊，呼吸促迫，軽度の運動失調，言語不明瞭
0.25 ～ 0.35	強度酩酊，顔面蒼白，冷汗，悪心，嘔吐，歩行不能，意識混濁
0.35 ～ 0.5	昏睡，呼吸麻痺，死の危険

（『酒』東京大学出版会より）

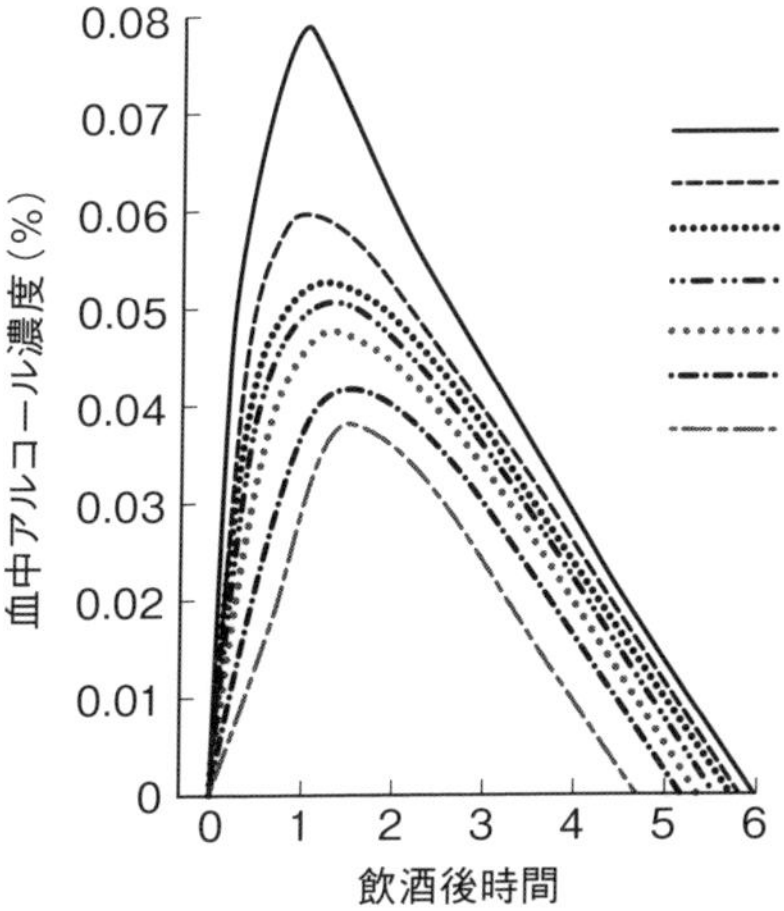

図1·1　酔いと供試酒のアルコール濃度
同一アルコール量を摂取。(A. Piendl“Brewers Digest” 1982より改変)

に進行します。0・1~0・15%、軽い酩酊状態で、多弁になり、絶えず体を動かしたりします。0・15%を超えるとロレツが回らなくなり、千鳥足が見られるようになります。0・35%、強度の酩酊状態、顔面蒼白《そうはく》、悪心《おしん》、嘔吐《おうと》、意識が混濁し、0・5%になると昏睡状態、最悪の場合は急性アルコール中毒で死亡することもあります。アルコール濃度0・05%から0・5%とわずか10倍の濃度で、ホロ酔いから死に至るわけで、くれぐれも注意が必要であり、願わくば、ホロ酔いから軽度酩酊の範囲で酒を楽しんで欲しいものです。

ホロ酔いに至る飲酒量は大雑把に言って、清酒330mL、ビール900mL、ワイン370mLで、図1・1に示すように、血中アルコール濃度は飲酒直後急上昇し、1~1・5時間で最高になり、以後漸減して7時間程度で不検出となります。なお、摂取

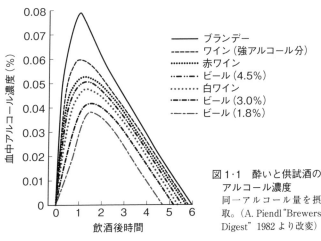

時のアルコール濃度が高いほど血中最高濃度は高くなるので、ウイスキーをストレートで飲むより、水割りにしたほうが酔いは穏やかになります。

料理と酒を合わせる場合は、胃から腸へ食物が移行するのに時間がかかり、アルコールの吸収も緩やかになるので、より多くの酒を楽しむことができます。ただし、ビールや発泡性ワインの炭酸ガスはアルコールの吸収を速めるそうです。

アルコールは主に肝臓で1時間に7gほど分解されるので、長時間この程度を飲み続けるのなら、ホロ酔い状態を続けられることになりますが、清酒にしてわずか60mLでは飲酒とはいえないと思われる方が多いことでしょう。血中アルコール濃度が高くても酔いの症状が現れ難い人（要するに鈍感）がいる一方で、酒粕を食べて酔ってしまう方もおり、アルコールに対する感受性の差は人によりきわめて大きいものがあります。この原因の一つに、その人の持つアルコールの代謝に関する酵素が異なることが挙げられます。

図1・2に示すように、大部分のアルコールは肝臓にあるアルコール脱水素酵素（ADH）により酸化されてアセトアルデヒドになります。アセトアルデヒドはアセトアルデヒド脱水素酵素（ALDH）により酢酸に酸化され、最終的に二酸化炭素と水になり、大量のエネルギー（7キロカロリー／g）を生じます。

すべてのアルコールが、高エネルギーを生じるこの代謝系で分解されるわけではありませんが、

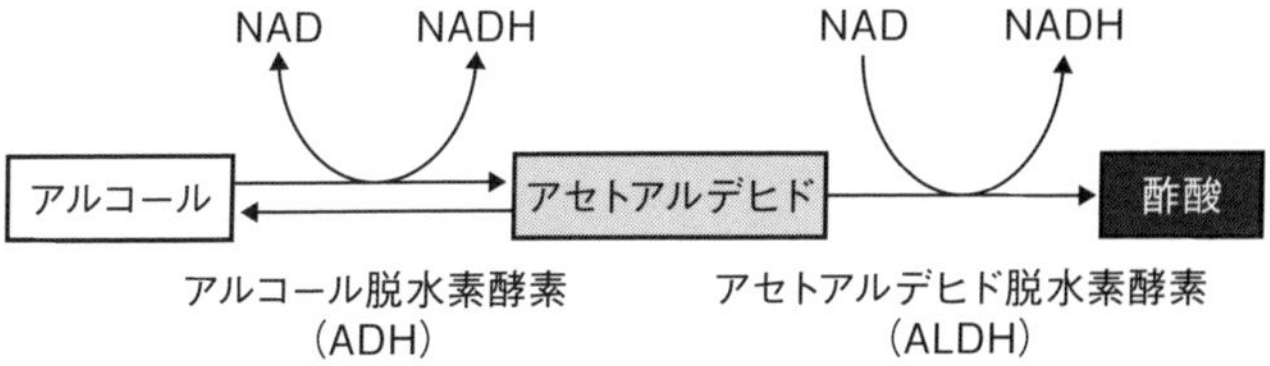

図1·2　肝臓におけるアルコールの主要代謝経路

いずれにせよアルコールは高カロリー食品であり、100g当たり清酒は110キロカロリー、ビール40キロカロリー、ワイン75キロカロリーに相当します。日本人の1日のカロリー摂取量を2000キロカロリーとすると、清酒700mL（約4合弱）を宴席で飲むと、それだけで1日のカロリーの3分の1となり、さらに高カロリーのつまみの摂取を考えると、朝食か昼食のカロリー制限を考えなければならないでしょう。

話が逸《そ》れました。日本人はADH活性が高いので、アルコールは容易にアセトアルデヒドになります。この物質は毒性が高く、アルコールの酔いの症状である赤面、速い動悸、悪心など多くの症状がアセトアルデヒドに因るとされ、早く無毒の酢酸にする必要があります。アセトアルデヒド脱水素酵素の一つであるALDH2には活性の高いALDH2*1と活性の弱いALDH2*2の二つのアイソザイムがあり、前者のタンパク質を構成するアミノ酸500個のうちわずか一つ、487番目のグルタミンが、後者ではリシンに置き換わっているだけで、活性に大きな相違が生じるのです。ヒトのALDH2の遺伝子型と表現型は表1・3に示す通りで、高活性のALDH2*1遺伝子を2個持つホモ型はアセトア

表1·3　ALDH2の遺伝子型と表現型

遺伝子型	表現型	飲酒後 顔面紅潮
ALDH2*1/*1 （活性ホモ接合型）	活性型　（正常型）	−
ALDH2*1/*2 （不活性ヘテロ接合型）	不活性型（欠損型）	+
ALDH2*2/*2 （不活性ホモ接合型）	不活性型（欠損型）	++

ルデヒドの分解が速やかで、アルコール耐性が強い活性型で、酒に強い。一方、ＡＬＤＨ２*１とＡＬＤＨ２*２のヘテロ型は酒に弱く、ＡＬＤＨ２*２／ＡＬＤＨ２*２のホモ型は酒が飲めないタイプで、日本人の５％程度はこの型と言われ、この人に酒を勧めるのは殺人行為に等しいといえましょう。前者のヘテロ型を合わせて日本人の約40％が酒に弱いタイプで、宴席における献杯は日本の優れた習慣ですが、くれぐれも酒の無理強いは止めていただきたい。各人がそれぞれ自分の適量を知り、その範囲で酒を楽しみ、会話に花が咲く適正飲酒を心掛けたいものです。

　昔から「酒は百薬の長」、「酒は百害あって一理なし」と毀誉褒貶《きよほうへん》の著しさが際立っていました。二日酔いはまだしも、飲酒運転や、深酒を続けて体を壊したり、アルコール依存症になり、自らも、家庭も壊してしまう悲劇は良く聞かされます。酒と健康に関して多くの研究、調査がなされており、２００５年の調査では、日本人のガンの原因として、男女共に、感染症に次いで第３位に挙げられています。

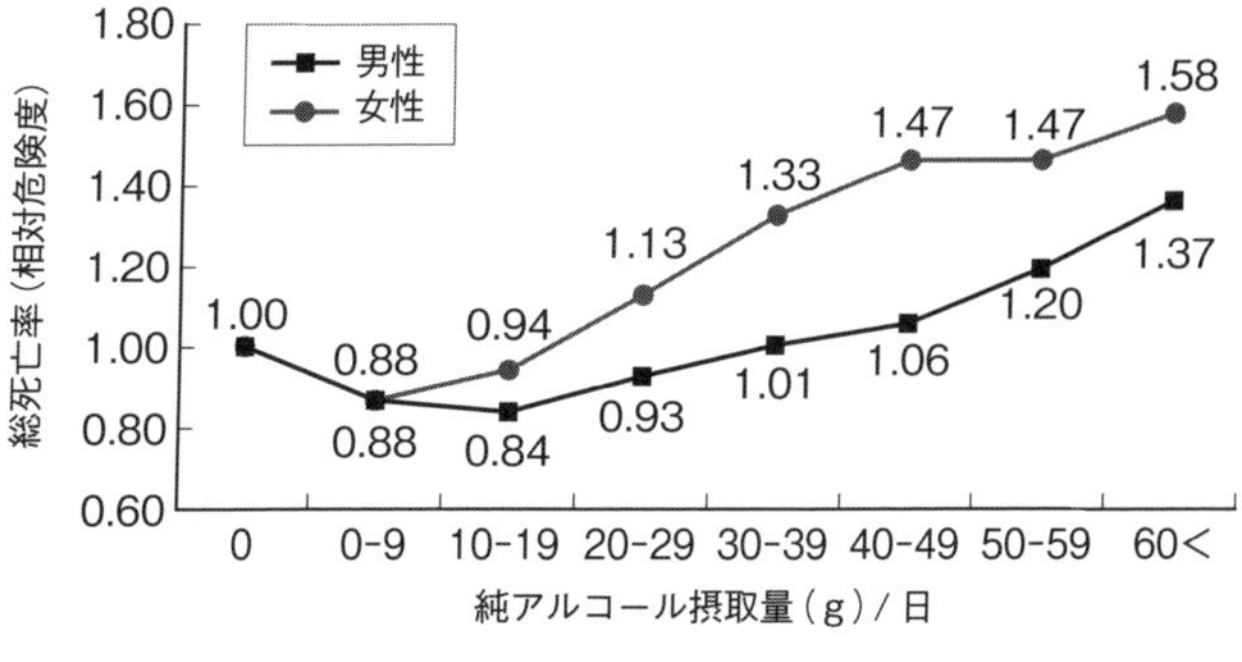

・16のコホート研究（主に35歳以上の欧米人が対象）に対するメタ解析
・少量の飲酒では健康へ好影響をもたらす可能性を示唆する「Jカーブ効果」も示されている

図1·3　飲酒量と総死亡率

一方では、病気やけがなどすべての死因を勘案した全死亡率と飲酒量について、図1·3に示すような関係が明らかにされました。男女とも飲酒量が増えるにつれて死亡率が低下し、その後上昇に転じるJカーブとなり、酒を飲まない人より、ある程度飲酒する人の方が長生きする結果となりました。この理由については、飲酒によるリラックス効果や、アルコールが持つ抗凝血、抗血栓作用などが考えられますが、厚生労働省が勧める健康日本21では、現時点での疫学的知識として、健康な男性なら1日当たりアルコール換算で20gの飲酒（ビール500mL、清酒180mL）であれば適度、40gは生活習慣病のリスクを高めるとされ、女性はこの2分の1～3分の2、高齢者は少なめにとされています。

コラム　フレンチパラドックス〜赤ワインを飲むと心臓疾患が減る？

先進国では主な死因に、心筋梗塞や脳梗塞が挙げられ、動脈硬化が原因の一つと考えられています。これには肉や脂肪の摂り過ぎが大きく関与しているのは左の図からも明らかです。

フレンチパラドックス

心臓病死亡率と肉消費量

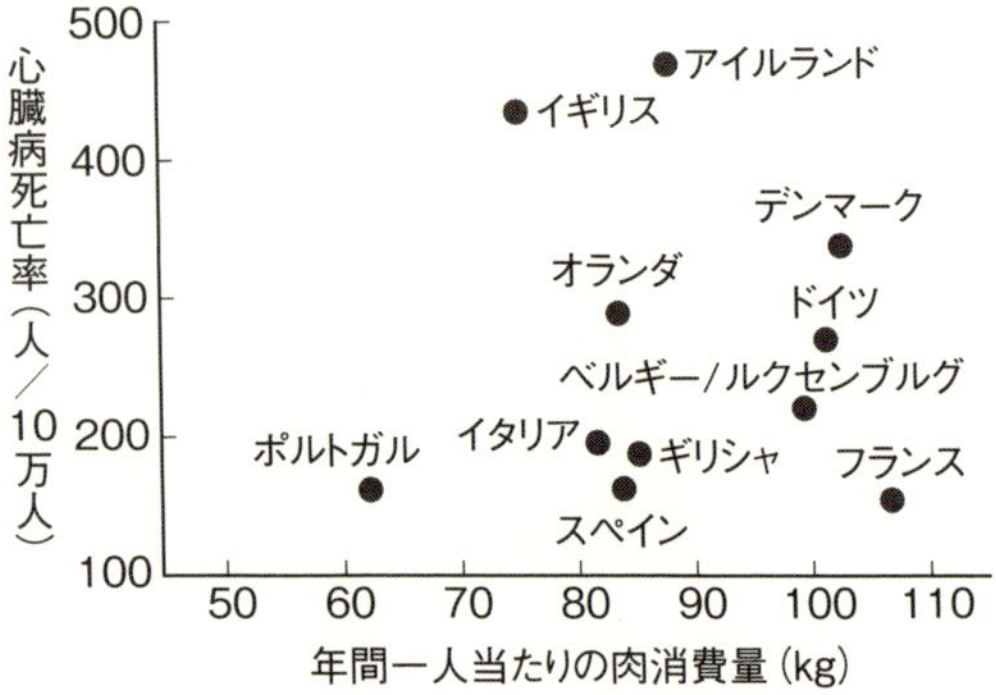

Ulbricht, T. L., Southgate D. A. (1991) Lancet., 338: 985 より

心臓病死亡率と乳脂肪消費量

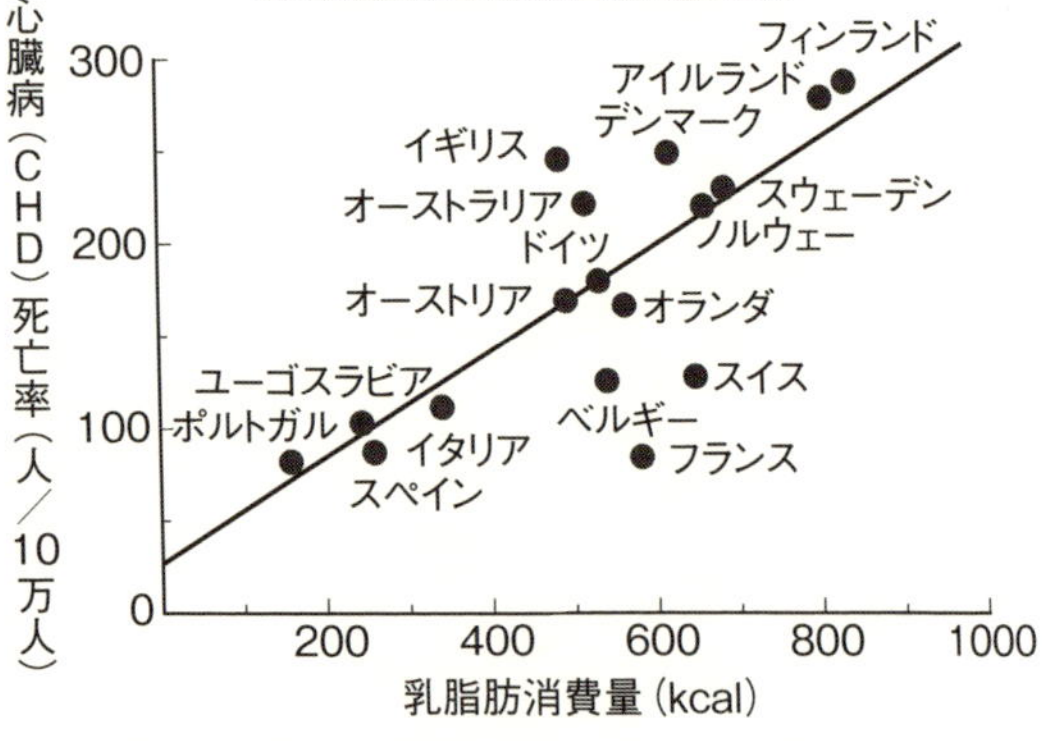

Renaud, S., de Lorgeril, M. (1992) Lancet., 339: 1523 より

ところが、フランスでは肉や脂肪の消費量が多いのに、心疾患による死亡率は低く、フレンチパラドックスと言われ、その原因が究明された結果、赤ワインの大量消費により、ワイン中に多く含まれるポリフェノールの抗酸化作用が要因の一つであることが明らかになりました。

血液中の低比重リポタンパク質（ＬＤＬ）が増加すると、動脈血管壁に入りこみ、酸化されて酸化ＬＤＬになります。これがマクロファージに取り込まれ、泡沫状になって、血管壁に溜まり、血管硬化の要因となります。

赤ワイン中のアントシアン色素やタンニンが、この悪玉コレステロール（ＬＤＬ）中の脂質が過酸化脂質になることを防ぎ、結果として動脈硬化の防止に貢献しているのです。

もちろん、ワインをいくら飲んでも良いというわけではありませんが、イギリスの研究で、アルコール飲料を摂取しない人より、適度に飲んでいる人の死亡率が低く、過度の飲酒により急上昇することが明らかとなり、Ｊ字型（Ｕ字型）カーブとして有名になりました。

コラム　アルコール分の測定

飲酒の主な目的が酔いである以上、酒、特に蒸留酒のアルコール分は、製造、消費いずれにとっても最大の関心事です。昔からさまざまなアルコール分の測定法が工夫されてきました。その数例をご紹介しましょう。

蒸留酒を麻布に浸して、点火し、燃えなければならない。16世紀の方法です。瓶に蒸留酒を入れ、良く振った時、泡が長く消えない。17世紀の方法ですが、泡盛の語源も泡が盛り上がることだそうです。すさまじいのはガンパウダーテストで、スプーンに綿火薬を載せ、蒸留酒を注いで点火した時、火薬が発火する前に蒸留酒が燃えなければならないとあります。

19世紀に、アルコールと水の比重が異なり、混合液の比重が混合比に従って変化することに基づき、浮標を用いて比重を測定し、アルコール濃度を求める浮標法が仏、英、米各国で採用され、現在に至っています。日本はフランス式で、15℃における酒中のアルコールの体積比を求め、容量%とします。現在、浮標法以外にガスクロマトグラフィー法や酸化法も公定法として認められています。

米英ではプルーフという単位を用いていますが、アメリカの1プルーフは0・5%です。ドイツではアルコールの重量比が用いられ、わが国のビール企業もドイツ式に重量%で表示しています。したがって、容量%で表示されている他の酒に比べて、同一%でもアルコール分を多く含むことになります。

2章　酒づくりの主役たち

ミルフィオーリ盃
（紀元前16世紀　メソポタミア）（複製）

1 アルコール発酵と酵母の働き

酒の主成分であるアルコールは酵母により、主としてグルコースなどの発酵性糖からつくられます。いわゆるアルコール発酵で、グルコースは図2・1に示す解糖系と呼ばれる代謝系でピルビン酸を経てアセトアルデヒドになり、さらに還元されてアルコールを生じます。グルコース1分子がそれぞれ2分子のアルコールと二酸化炭素となり、2分子のアデノシン三リン酸（ATP）を生じます。ATPは高エネルギー物質で、酵母のエネルギー源です。一方で、アセトアルデヒドはミトコンドリアに取り込まれ、TCAサイクルなど酸化的な複雑な経路を経て、最終的に二酸化炭素と水になります。これが呼吸で、グルコース1分子から二酸化炭素と水それぞれ6分子と30分子のATPを生じるので、発酵によるエネルギー生産は呼吸の15分の1に過ぎません。

微生物は真正細菌、アーキア、真核生物に大別され、酵母や麹菌は真核微生物で、細胞内に遺伝子を詰めた核を持ち、ミトコンドリアや小胞体などの器官があるなど、構造が細菌に比べて複雑で、人も含めた高等生物と共通性が高く、醸造以外にも、ホルモンや免疫抗体など人の生理活性物質の遺伝子を酵母細胞に導入して、大量に生産、利用するなど医薬品製造に広く利用されています。長年にわたる人と酵母の付き合いで、無害であり、培養法など膨大な知識の蓄積があるからこそであり、醸造がバイオテクノロジーの母といわれるゆえんでしょう。

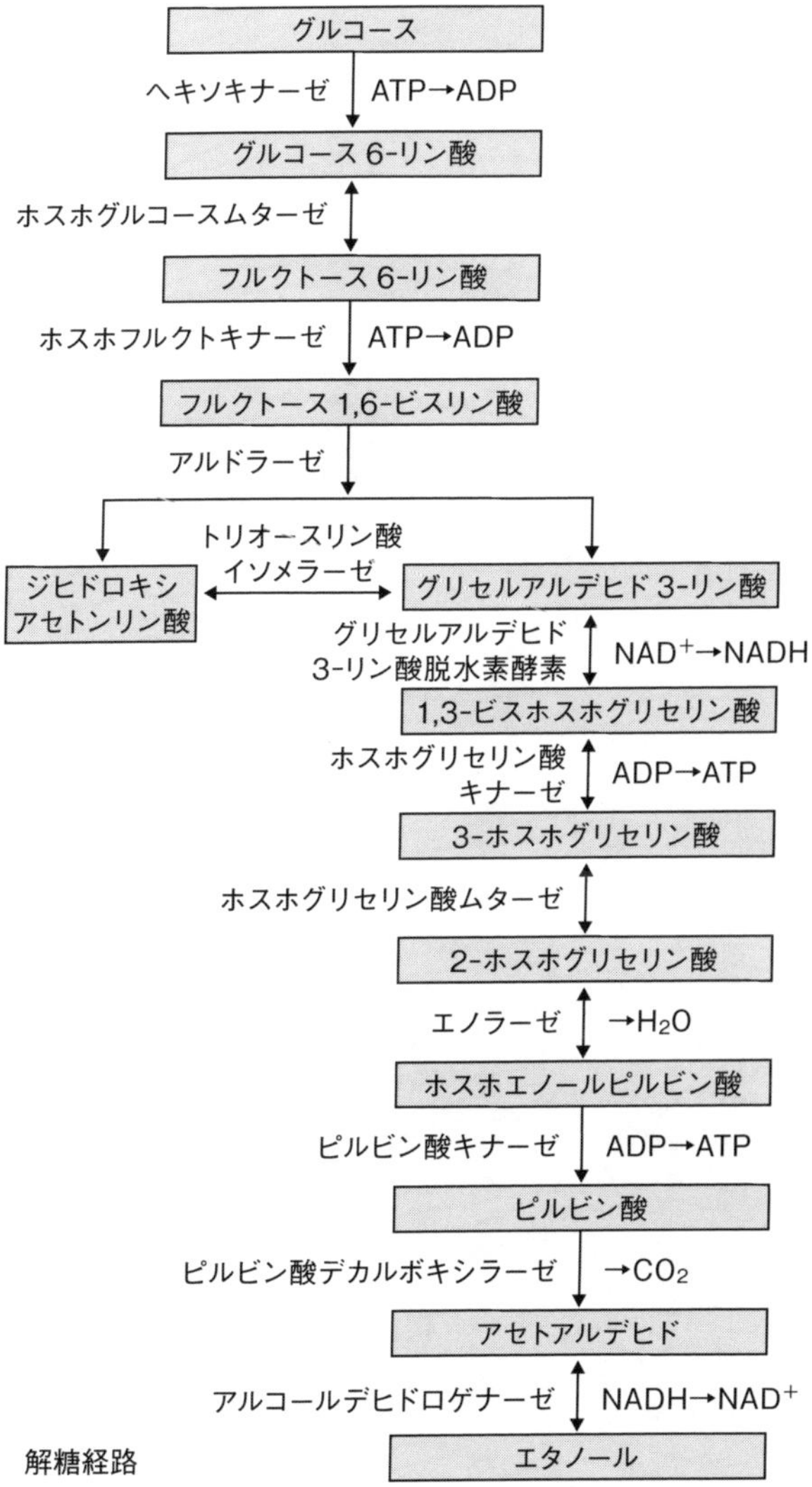

グルコース
ヘキソキナーゼ
ATP→ADP
グルコース 6-リン酸
ホスホグルコースムターゼ
フルクトース 6-リン酸
ホスホフルクトキナーゼ
ATP→ADP
フルクトース 1,6-ビスリン酸
アルドラーゼ
トリオースリン酸
イソメラーゼ
ジヒドロキシ
アセトンリン酸
グリセルアルデヒド 3-リン酸
グリセルアルデヒド
3-リン酸脱水素酵素
NAD⁺→NADH
1,3-ビスホスホグリセリン酸
ホスホグリセリン酸
キナーゼ
ADP→ATP
3-ホスホグリセリン酸
ホスホグリセリン酸ムターゼ
2-ホスホグリセリン酸
エノラーゼ
→H_2O
ホスホエノールピルビン酸
ピルビン酸キナーゼ
ADP→ATP
ピルビン酸
ピルビン酸デカルボキシラーゼ
→CO_2
アセトアルデヒド
アルコールデヒドロゲナーゼ
NADH→NAD⁺
エタノール

図2·1　解糖経路

さまざまな酵母が存在する中で、酒造に用いられるのはサッカロミセス・セレビシエで、パンの製造にも用いられます。16本の染色体を2セット持つ2倍体で、約6000の遺伝子が認められます。ビール醸造に用いられる酵母はサッカロミセス・バヤヌスの遺伝子の一部を含み、3倍体や4倍体が多いのが特徴です。

サッカロミセス・セレビシエは図2･2に示すように、径4～8µmの楕円形で、細胞表面のさまざまな部位が膨れて娘細胞が誕生する多極出芽により増殖します。グルコースの取り込み能が高く、アルコール生成能も高く、呼吸と発酵いずれの機能も持っていますが、培養液のグルコース濃度が高いと、酸素の存在下でも発酵のみを行い、特に清酒醸造では、もろみのアルコール分は20％に達します。アルコールは殺菌力が強く、ほとんどの細菌や多くの酵母はアルコール5％液中で生育できませんが、酒造に用いられる酵母は耐性が大きくて、清酒酵母はアルコール8～10％で、増殖は停止しますが、生理活性は維持されます。増殖

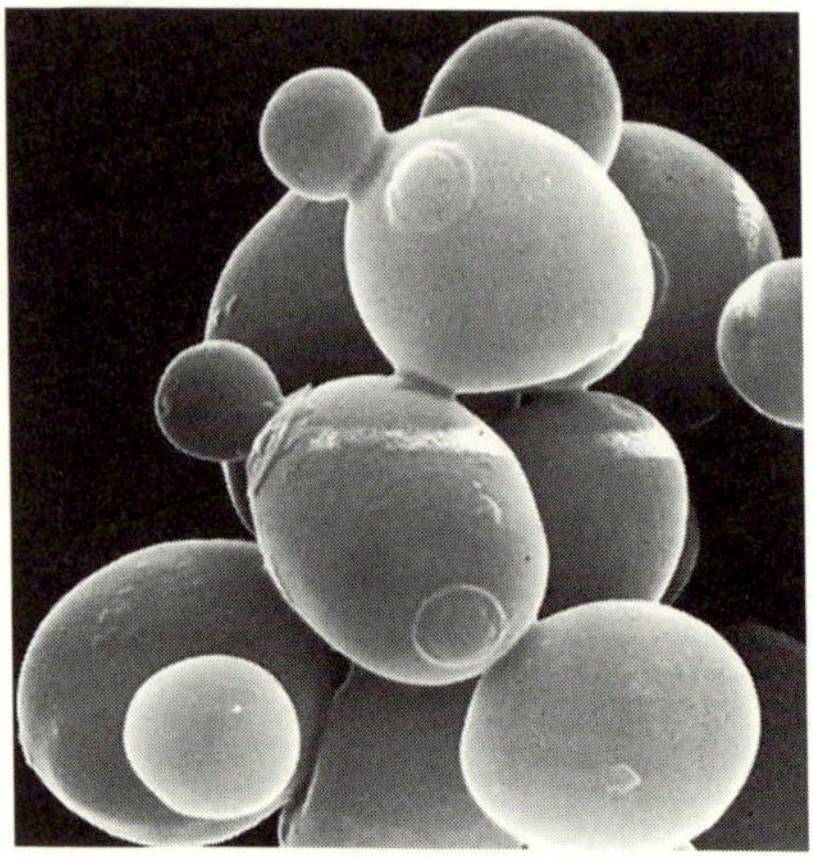

図2･2　酵母（サッカロミセス・セレビシエ種）の走査型電子顕微鏡写真
（資料提供：独立行政法人 酒類総合研究所）

に用いるエネルギーが振り向けられるので、大量のアルコールを生成するなどの生理作用は続きますが、アルコール濃度15%になるとほとんどの酵母は死滅します。

生育に好適な環境はpH3～5付近の酸性域で、一般の細菌はこの領域では生育できないので、酵母のみを増殖、発酵させるには好都合です。

ちなみに、ブドウ果汁は酒石酸やリンゴ酸など多くの酸を含み、pH3・5前後と酵母の生育には好適な環境で、独特の強い香気と充分なグルコースとフラクトース、味を締めるポリフェノールなどに加え、多彩な色を持つ、まさに理想的な酒造原料です。糖を多く含んでいても酸の少ないスイカやメロンの酒が見当たらないのはこの理由によります。

酵母の存在や発酵の機作が明らかになった19世紀以降、それぞれの酒に適した菌株が分離され、その生理が遺伝子レベルで明らかになると共に育種開発技術も進み、現在では特定の遺伝子をターゲットにした変異株が取得され、後述するように、香りの高い吟醸酒の醸造が容易になり、手頃な価格で市場に出回るなど、消費者にも大きなインパクトを与えています。

穀類原料には酸が含まれていません。清酒醸造では原料白米を蒸して、米麹と水を加え、米デンプンをグルコースに分解（糖化といいます）しますが、pHは高く、このままでは細菌類の増殖、汚染を招く危険があります。そこで、まず乳酸菌を増殖させて大量の乳酸を生成し、次に生じた亜硝酸と共同して乳酸菌を含む細菌を死滅させ、優良な清酒酵母のみを純粋に培養する生酛《きもと》という優れた手法が考案され、江戸時代から現在まで実用化されています。現在は乳酸菌の増殖、生酸に代わり、あらかじめ乳酸を蒸米、麹混合液に添加してpHを下げる速醸法が広く行われています。

ビール醸造では、麦芽とトウモロコシなどの原料に水を加えて、加温し、麦芽のアミラーゼによりデンプンを主としてマルトースとグルコース、複数のグルコースが結合したオリゴ糖に分解します。

麦汁はpHが高く、窒素成分が多く、容易に雑菌により汚染されてしまいますが、ホップを添加して煮沸することにより、溶出したタンニン成分が雑菌の汚染を抑え、酵母のみの増殖、発酵を助けます。酵母の増殖に伴い、麦汁中の窒素成分が減少し、酵母がアミノ酸を取り込み、酸を生成することからpHが低下し、酸性となります。

酒の香味を形成する成分は、ビールのホップ香のように原料に直接由来したその酒固有のものもありますが、多くは酸やアミノ酸などすべての酒に共通で、ただその組成が異なり、香味に独特の変化を与えています。例を挙げてみましょう。

酵母は細胞を構成するアミノ酸やタンパク質、脂肪などを合成し、利用するので、アンモニアや尿素などの無機窒素化合物とグルコースなどの糖類、ミネラルがあれば増殖しますが、それらの菌体内への取り込みや代謝は複雑に制御されています。図2・3に示すように、タンパク質を

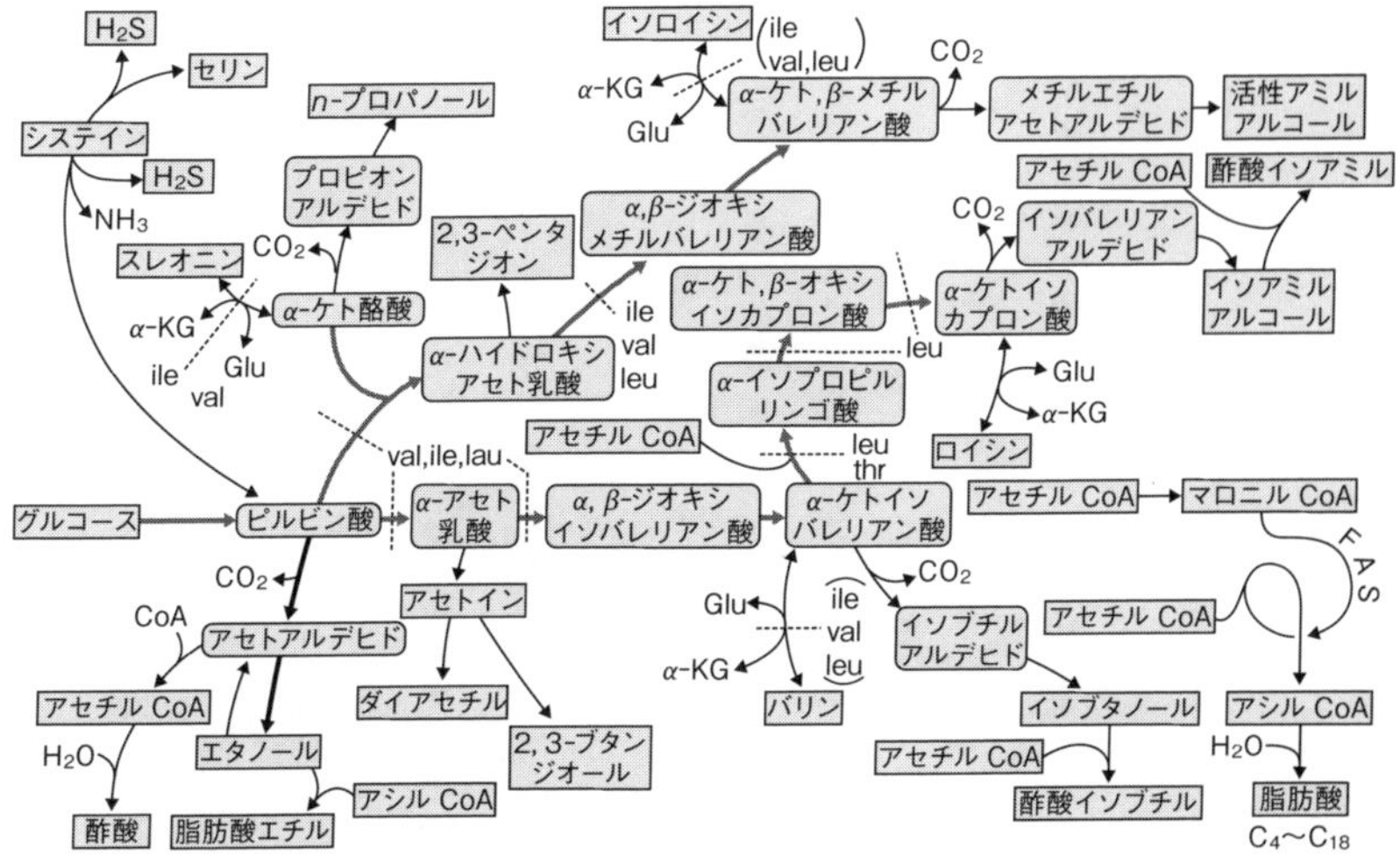

図2·3　酵母による主な香気成分の生成経路

破線は，表示したアミノ酸により阻害される経路．leu：ロイシン，val：バリン，ile：イソロイシン，thr：スレオニン，Glu：グルタミン酸，α-KG：α-ケトグルタル酸，FAS：脂肪酸合成酵素

構成するアミノ酸の中でバリン、ロイシンを例にとると、ピルビン酸から始まるアミノ酸生合成系に従ってケトイソバレリアン酸、さらにケトイソカプロン酸になり、アミノ基が転移されてそれぞれバリン、ロイシンになりますが、一部が脱炭酸、還元されてイソブタノール、イソアミルアルコールとなり、後者はアセチルCoAアルコールアセチルトランスフェラーゼ（AATF）により、バナナや梨様の香気を持つ酢酸イソアミルになります。カプロン酸エチルと並んで、吟醸酒の主要香気成分です。

酢酸イソアミルを増やすために重

要な前述のロイシン生合成経路は、最終生産物であるロイシンにより強く抑制されるので、原料中のアミノ酸など窒素成分の多量の存在は酵母の増殖、発酵にとっては好ましくても香気生成にとっては大敵です。さらにＡＡＴＦは低温で働き、オレイン酸やリノール酸など不飽和脂肪酸により阻害されます。また、生じた酢酸イソアミルはエステラーゼにより分解されます。ブドウ果汁は窒素成分、不飽和脂肪酸共に少ないのですが、窒素成分、不飽和脂肪酸を多く含む麦芽や米を用いるビールや清酒では問題で、清酒の原料米を高度に精白するのも、米粒表層に多く存在するタンパク質や不飽和脂肪酸を除去するのが主要な目的の一つです。吟醸酒醸造ではもろみ温度を10℃以下に保つ工夫もされています。

香気エステル生成能は酵母菌株により大きく異なり、前述のように、高い能力を持つ菌株が育種開発され、醸造技術の進歩も加わり、香りの高い吟醸酒の醸造が比較的容易に行われるようになりました。たとえば、カプロン酸エチルは、脂肪酸合成系の遺伝子の一つに一塩基の変異が生じて、カプロン酸が合成系から外れ、エチルエステルとなります。清酒酵母の中からカプロン酸エチル高生産変異株を容易に選択する方法が開発され、利用されています。カプロン酸エチル生成にはもろみの糖分を多くする必要がありますが、酵母の糖消費能を超えると、糖分が多い甘い清酒になる恐れがあり、工程管理の注意点の一つです。

2　糖化、酸生成と麦芽、麹菌、乳酸菌の働き

穀類の酒では、原料中のデンプンをアミラーゼの働きでグルコースなどの発酵性糖に分解する必要があります。この過程を糖化といい、アミラーゼの供給源として、人の唾液、カビ、麦芽が古くから用いられてきました。米飯を噛んでいると甘くなりますが、これは唾液中のアミラーゼの働きにより、デンプンが分解されて、グルコースが生じたからで、太平洋を挟んで東西で酒造に用いられてきました。わが国では8世紀、『大隅国風土記』に「男女が集って、米を噛み、酒ぶねにはき入れ、――」と記されており、近年まで沖縄にその習慣が残っていました。これを口噛みの酒といいますが、古代カンボジアでは美人酒と呼んだそうで、恐らく美女たちがこの作業を受けもったのであろうし、そうあって欲しいものです。最も有名なのはインカのチチャで、古都クスコに現存する堅牢な石造りの神殿では、美しい巫女ママクーニャが茹《ゆ》でたトウモロコシを噛んで酒をつくり、神に捧げていました。現在もこの地方で栽培されているトウモロコシは紫、赤、黄色など色彩豊かで、これらを原料としたチチャはさまざまな色をしていたと空想されます。残念ながら、現在のチチャは糖化に麦芽を用いており、色も単一です。

穀物のデンプンは、その穀物が発芽し、大地に根を下ろし、枝葉を伸ばして独り立ちするまでの栄養補給物質です。たとえば、大麦を水に浸して空気を送ると、麦粒内でアミラーゼやタンパ

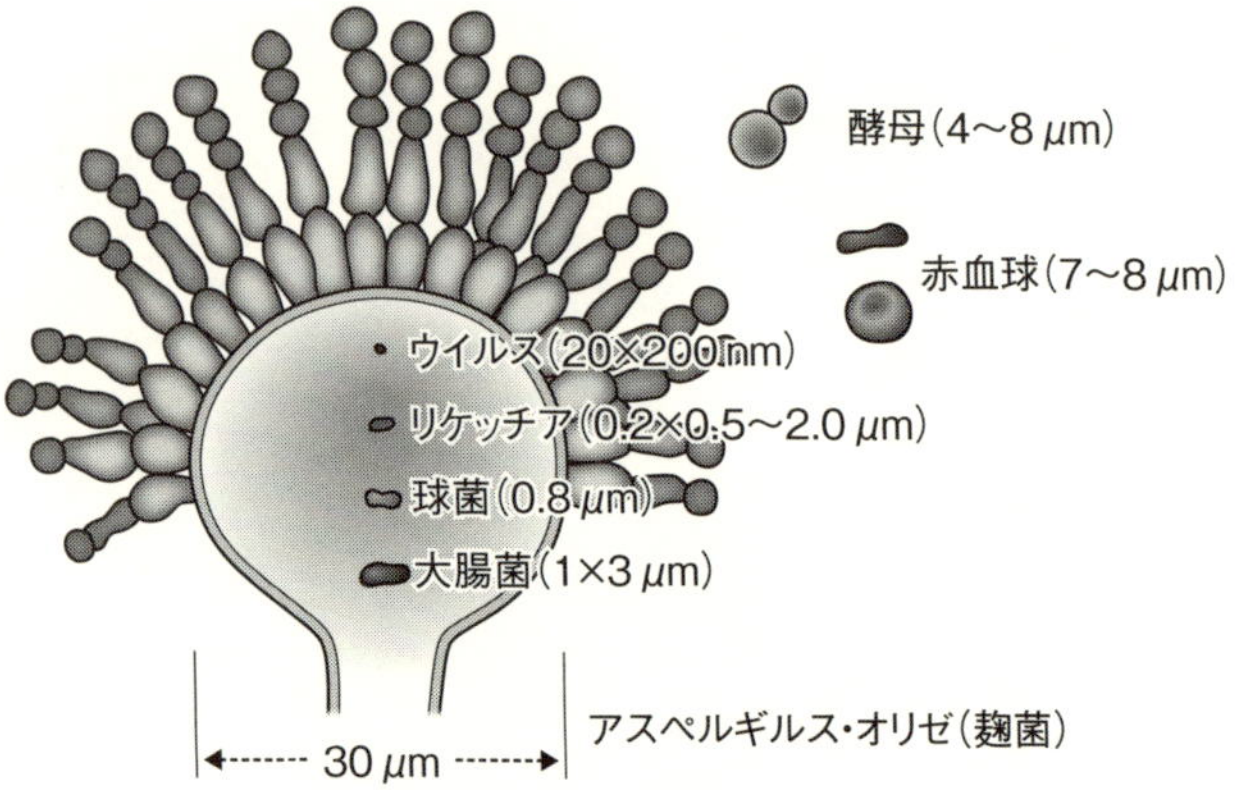

図 2·4　微生物の大きさ

ク質を分解するプロテイナーゼなどさまざまな消化酵素が生じ、生じたマルトースなどの糖をエネルギー源にして、芽を伸ばし、成長します。酵素力が充分蓄積し、デンプンの消費が少ない時期に発芽大麦を加熱乾燥して、保存性をもたせたものが麦芽で、ビールやウイスキーなどの製造に用いられます。面白いことに、米芽では充分な酵素力が得られません。

カビは酵母と同じ真核生物で、細長い糸状の細胞がつらなる菌糸と、気中に突き出た菌体の先端に胞子を形成する子実体からなる大型の微生物で、肉眼でも見ることができます。

図2・4にカビ（アスペルギルス・オリゼ）と酵母、細菌などの大きさを比較しました。正月の供え餅によくカビが生えますが、カビは水分の低い穀類にも生え、増殖はゆるやかですが、強力な酵素力でデンプンを糖化し、成長します。中国では、古くから生の穀物粉に

水を加え、円盤状や煉瓦状に練り上げたものにカビを増殖させた餅麹（麹子《きょくし》）が糖化剤として用いられ、広くアジアの地域に伝わっています。わが国でも古くからカビが利用されてきましたが、種類がまったく異なり、他のアジア地域ではリゾープスやムコールが中心ですが、日本では図2・5に示すアスペルギルス・オリゼが主体で、麹菌（黄麹菌）と呼ばれます。焼酎製造では主としてアスペルギルス・カワチが用いられます。胞子が白色で（泡盛製造では胞子が黒いアスペルギルス・アワモリが用いられます）、多量のクエン酸を生成するので、もろみのpHを下げ、温暖な沖縄や九州でも、雑菌の増殖を抑えることができます。

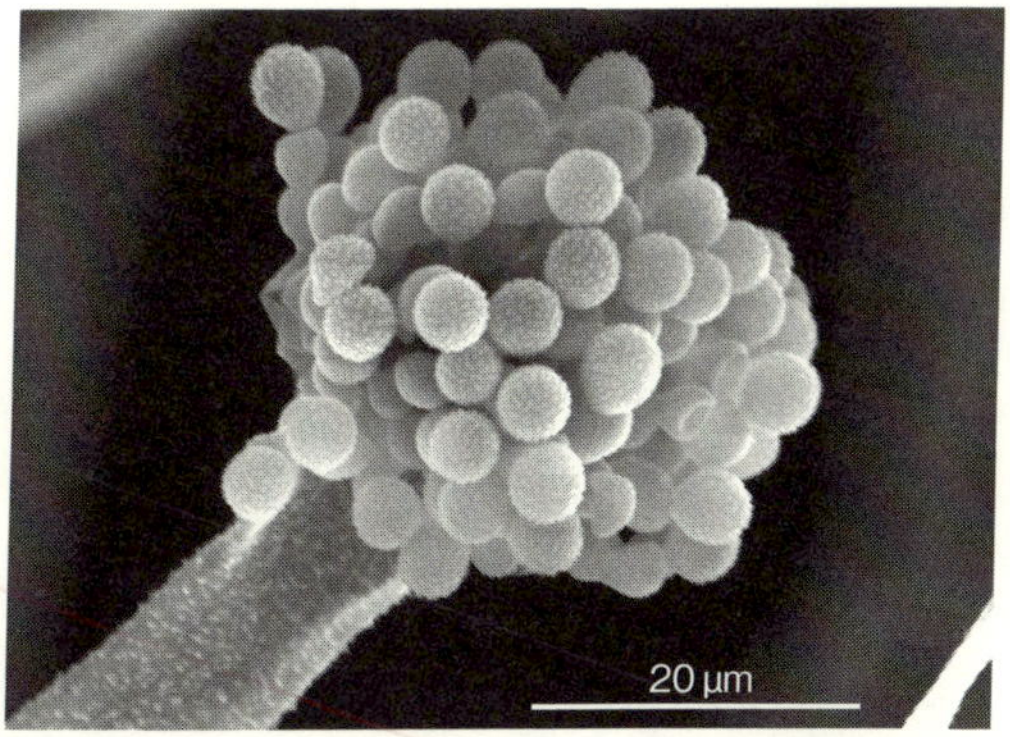

図2·5　アスペルギルス・オリゼ（麹菌）
（資料提供：独立行政法人 酒類総合研究所）

餅麹によく見られるリゾープス・ジャバニクスと、アスペルギルス・オリゼの胞子をそれぞれ水を含んだ生米に接種して培養すると、増殖の速いリゾープス・ジャバニクスは急速に増殖しますが、アスペルギルス・オリゼも順調に増殖します。蒸米を用いて同様の培養を試みると、アスペルギルス・オリゼの増殖は盛んですが、リゾープス・ジャバニクスはほとんど増殖できません。

　生米は、糖やアミノ酸など増殖に必要な栄養分を多く含むので、増殖の速いリゾープス・ジャバニクスは急成長しますが、蒸米ではこれらが流出してしまうので、タンパク質を分解して、増殖に必要なアミノ酸を製造するプロテイナーゼが不可欠です。リゾープス・ジャバニクスではこの酵素が不十分で、増殖が遅延してしまいます。一方、アスペルギルス・オリゼは十分な酵素を生産し、順調に生育します。この事実が、生の穀類に水を加えて固めた餅麹にはリゾープスが、蒸米を用いる麹には麹菌が主要なカビである理由の一つと考えられます。

　このように、麹菌はアミラーゼ生産力が高く、タンパク質分解能も充分で、蒸米以外に生米にもある程度増殖できるなど、リゾープスなどにない能力があり、清酒以外にも焼酎や味噌など発酵食品の製造に用いられ、これらの中には、血圧上昇を抑制するほか、血中コレステロール低下、抗アレルギー作用など多くの優れた生理作用が認められ、日本を代表するカビとして「国菌」と呼ばれます。九州や沖縄など、気温の高い日本南部で製造される焼酎には、もろみの酸度を高めて雑菌の汚染を防ぐ目的で、クエン酸生産力の高いアスペルギルス・カワチなどが用いられています。

　アスペルギルス・オリゼの近縁種であるアスペルギルス・フラブスの中には、猛毒のアフラトキシンを生産するものがあり、特に東南アジアでは穀類の汚染が問題になっています。醸造に用いられているアスペルギルス・オリゼを精査した結果、アフラトキシン生産株は皆無で、この毒物生産に関わる遺伝子が麹菌では欠損していることが認められました。

醤油の旨味はグルタミン酸を中心としたアミノ酸の貢献が大きく、原料にはタンパク質の多い大豆と小麦を用い、アスペルギルス・オリゼの近縁株で、強力なタンパク質分解力を持つアスペルギルス・ソーヤの麹が用いられます。

乳酸菌はグラム染色陽性で、胞子をつくらない細菌群で、球菌と桿菌があります。酸素のない環境を好み、グルコースなどから乳酸を生成するホモ型と、乳酸以外に酢酸などをつくるヘテロ型に分かれます。チーズやヨーグルトなど発酵乳製品や漬物に利用されますが、酒造でも清酒の生酛《きもと》づくりやワインにおけるマロラクティック発酵、ウイスキーもろみ後半の香味付与のほか、醤油や味噌の醸造初期の酸生成など、働きは多岐にわたっています。最近は、良好な腸内細菌叢の維持や免疫活性の向上、抗がん作用など、いわゆるプロバイオテックな働きが注目されています。

乳酸菌の働きで、酒造が円滑に進行し、酒に個性的な香味が加わり、深みが増すので、煩雑な工程管理が必要であるにもかかわらず、広く利用されています。

3章　酒の花束～ワイン

シャンパングラス
（ロブマイヤー社製）

ワイングラス
（バカラ社製）

1 ワインの歴史

すでに述べたように、ワインにはきわめて古い歴史があります。イラクにあるシュメールの古都ウルで発掘された、紀元前2500年頃につくられたと推定される、ウルのスタンダードと名付けられた木製の細長い梯形の箱の表裏にはラピスラズリが張られ、美しい青色の面に3段に分かれて当時の生活が描かれており、上段は王を囲む酒宴の図です（図3・1）。

2015年に東京都美術館で開催された大英博物館展に出品されていたので、その美しい姿をご記憶の方も多いことでしょう。

紀元前1800年頃にバビロニアのハムラビ王が発布したハムラビ法典には、ビール、ワイン、酢に関する規制があり、量をごまかして酒を売る者を厳罰に処すなど、昔から悪者のやることは同じです。また、酒癖の悪いもの、酔って騒がしいものに酒を売ることを禁じているなど、酒の持つ精神神経の安定機能や健康増進、人々を結びつける機能と、酔いの弊害の二面性が表現された

図3·1　ウルのスタンダード（peace side）
（wikipediaより）

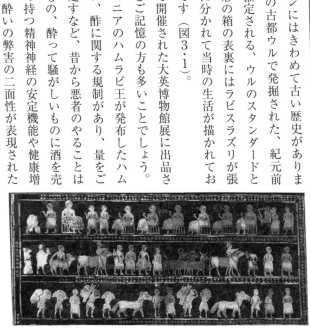

図3·2　古代エジプトのワイン醸造を示す墳墓の壁画
(Everett Historical/Shutterstock)

最初の記録といえましょう。
　エジプトでも、ビールと並んで、古くからワインがつくられ、紀元前1500年頃の壁画（図3・2）にブドウの剪定や棚づくりが描かれています。ワインは貴族たちに愛され、庶民はビールを飲んでいたようです。

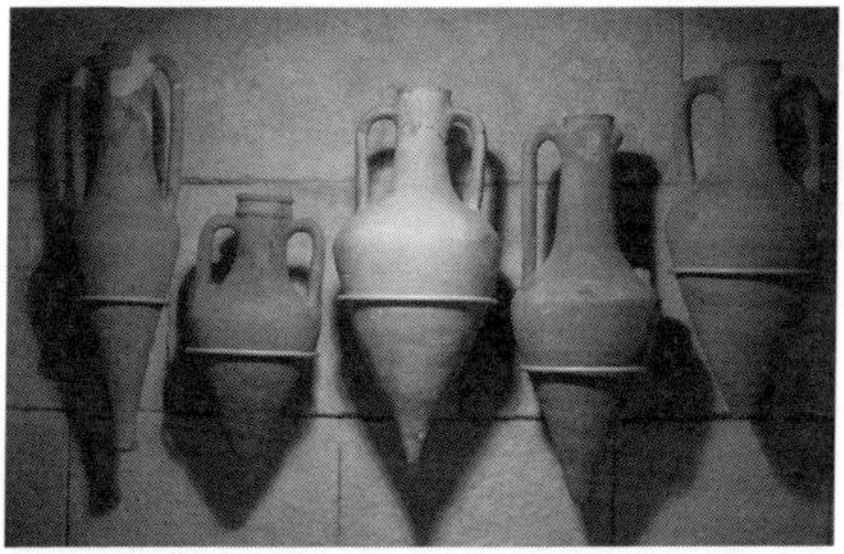

図3·3　アンフォーラ壺
(Travel_Master/Shutterstock)

　ワインはフェニキアの商人達により地中海を航海して、沿岸諸国へ運ばれました。出土した当時の容器は先端の尖ったアンフォーラ(図3・3）が多く、安定を保つには苦労したことでしょう。

ワインづくりは、次いでギリシャで盛んになりました。紀元前8世紀の詩人ホメロスのイリアッドやオデッセイにはワインを飲む場面が数多く登場し、それ以前にワインが普及していたことが窺《うかが》えます。アリストテレスやテオフラトスらによる技術革新も目覚ましく、ブドウ樹の剪定法や干しブドウを用いてギリシャ人の好む甘口ワインをつくるなどが記録されています。

ちなみにギリシャの宴会の様子は以下のようです。

出席者一同は食事を済ませた後、別室に移ります。主人がワインの少量を神に捧げた後、混酒器という器でワインと水を混ぜ、一同で回し飲みながら議論をし、音楽を奏で、詩を吟じる。まことに優雅なものですが、これをシュンポジオンといい、現在のシンポジウムの語源です。なお、男尊女卑の当時のギリシャでは、女性は同席しませんでした。

ワインと水の混和率は1：1程度で、中には1：3もあったそうですが、良質のワインほど水量を増すことができたそうです。蜂蜜を加えた甘口のワインが好まれたようですが、彼らの味覚はわれわれの想像の枠を超え、海水やオリーブ油、チーズなどを混ぜ、生の玉ねぎなども肴にしたそうです。現在市販されている、松脂を加えたレッツィーナワインはその名残でしょうか。

ギリシャのワインを語る時、忘れてならないのはマケドニアのアレクサンダー大王です。ペルシャのダリウス王を破り、ペルシャ、エジプトなど広い版図を手にした大王は東へ大遠征し、インドのインダス河畔に達します。彼らは占領地に長く留まり、ブドウを植え、ワインをつくりました。ワインは兵士の給料の一部として支払われ、戦死した兵士の死体は、ワインで洗われて埋葬されました。このようなさまざまな経緯で、ブドウとワインはヨーロッパから東へ伝わり、ブドウはユーラシア大陸の東端、日本に達しますが、アレクサンダー大王の功績を見逃すことはできません。

ワインづくりはイタリアでも盛んになり、その版図の広がりと共にフランス、スペイン、ドイツ、イギリスなど、中、北部ヨーロッパに伝わりました。シーザーがガリア遠征で木樽に出会い、持ち帰ってワインづくりに用いて以降、ワインの品質が格段に向上し、長期間の保存に耐え、熟成の妙味を味わえるようなったという話は真偽のほどが定かではありませんが、いずれにせよ地中海沿岸から広がり、ヨーロッパ南北の文化交流が始まったわけです。

木樽には、後述するように、楢《なら》など目の詰まった硬い木材が用いられます。それらはポリフェノール以外にも特有の香気成分を含み、ワイン中に溶出して樽香を与えます。

樽が使用される前は前述のようにワイン醸造や運搬、保存にはすべて陶製の甕《かめ》が用いられました。醸造や保存には容量600L程度のドーリオと呼ばれる甕が用いられ、現在もジョージアやイタリアで使用が見られます。（面白いことに製品はアンフォーラワインと呼ばれます。）陶器と異なり、木樽では木材がワインの不快成分を吸着する一方で、ポリフェノールやラクトンなど木材成分が溶出します。一方、木の壁を通して微量の空気が流入して、緩やかな酸化が起こり、さまざまな成分が変化し、アルコールや水が揮散します。結果として、ワインの香味が大きく変化する熟成が起こり、好ましい香りと調和した味をもったワインとなります。

ワインの香味が大きく改善された結果、生のままのワインを飲むようになり、水割りワインは激減しましたが、現在も女性たちを中心に、習慣が残っています。ギリシャ時代、収穫したブドウはそのまま甕に入れ、足で踏みつぶして発酵させていたのが、ローマ時代に潰したブドウを絞り、果汁を発酵させるようになり、樽の使用と並んで酒質の改善に貢献しました。

料理が豊かになると共にワインと料理の組み合わせも工夫され、ローマ人の食卓は多彩なものになり、ガイウス・プリニウス・セクンドゥスによると当時販売されているワインは80種類を数えたといいます。

ワイン産地は拡大し、紀元1世紀頃にはボルドー、パリ、バルセロナ、バレンシア、北はライン河畔に達しました。大量のワインがローマに移入され、国内ワイン産業は疲弊し、酔っ払いの横行に音をあげたドミチアヌス皇帝は、植民地のブドウ栽培を制限する法律を発布したほどです。

これほどのワインの隆盛も、4世紀のゲルマン民族の侵入、西ローマ帝国の崩壊により大打撃を受けることになりますが、9世紀、カール大帝により復活します。皇帝は拡大した領域でのブドウ栽培とワインづくりに熱心で、現在のライン河畔のワインづくりも彼に負うところが大きいものがあります。

それ以降も、飲酒を認めないイスラム国家のヨーロッパ侵攻や十字軍の遠征、ペストの流行など、多くの障害の下で、ワインをキリストの血として尊重するキリスト教会や修道院が中心となって、ブドウ栽培、ワイン醸造技術の開発が行われました。たとえば、防腐や酸化防止のための硫黄燻蒸はかなり古くから行われた手法のようです。

ワインづくりはイギリスやベルギーにまで広がり、[注1] 初めは夕食時に飲まれていましたが、次第に商談や会合にも欠かせないものとなり、人々の間に広く普及しました。優れた品質の銘醸ワインが知られるようになるのもこの頃で、15〜16世紀には白ワインと赤ワインの区別が確立し、硫黄燻蒸も普及しました。16世紀、ハンガリーのトカイワインの誕生など、栽培、醸造技術の革新につれてワインの品質は向上し、ブドウや醸造手法の劣る低品質のワインは淘汰されていきました。

17〜18世紀、ガラス瓶とコルク栓の使用が始まり、瓶内の気密が保たれることにより、発泡酒、シャンパンが発明され、貴族たちにもてはやされました。彼らの豪華な食生活はより高品質のワインを求め、飲酒マナーも洗練されていくことになります。

注1　現在もイギリスやアイルランドで少量のワインがつくられています。

15世紀、コロンブスが米大陸を発見して以来、16〜17世紀、アメリカ原産のブドウを用いたワインがつくられましたが、品質の評価は良くなかったようで、品種改良の努力が続き、18世紀、キリスト教神父によりカリフォルニアでブドウ栽培とワイン醸造が始まり、ヨーロッパ系ブドウ品種の導入など長年の努力の結果、今日の優れたカリフォルニアワインが誕生しました。

南米のチリでは、18世紀初頭にヨーロッパ産に劣らない高品質のワインがつくられていましたが、さらに20世紀末にフランスなどから新技術や資本が投下され、アルゼンチンと並んで高品質のワインが輸出されるようになり、われわれもその恩恵に与っています。現在、わが国の輸入量は長年トップであったフランスワインを抜き、チリが1位となりました。

オーストラリアでは19世紀にワイン生産が始まりました。現在、南アフリカと共に高品質のワインの輸出国です。

18〜19世紀、顕微鏡の開発で微生物の存在が明らかにされてから、微生物や発酵に関する研究が進み、酵母によるアルコール生成が明らかになりました。ゲイ=リュサック、シャプタルの補糖法、ブフナーの発酵理論など枚挙に暇がありませんが、代表例としてルイ・パスツールの低温殺菌法の発明を挙げます。

パスツールはワインの腐敗が微生物の働きで起こることを証明し、これらの微生物が65℃で死滅することを確かめ、ワインの低温殺菌法を開発しました。この方法はワインに限らず、ビールや缶詰など多くの食品に広く応用され、現在に至っており、彼の名をとってパストリゼーションと呼ばれます。特にビールでは安定した大量生産が可能になり、現在のビール産業の発展に道を開きました。

驚くべきことに、わが国では、パスツールの発明よりほぼ300年前、酒の低温殺菌が行われていました。もちろん、当時微生物の存在など知る由もなく、長年の経験から生み出された手法ですが、日本の酒造技術が昔から高いレベルにあったことを示す好例でしょう。

わが国では、明治初期初めてビールが生産された当初からこの新技術が導入され、少品種大量生産のモデルともいわれています。

1860年代はヨーロッパワイン受難の時で、アメリカから研究用に輸入されたブドウ苗木に付着していた害虫フィロキセラ（ブドウネアブラムシ）により、ヨーロッパのほとんどのブドウ樹が全滅の被害にあいました。この防除法として、耐性のあるアメリカ産ブドウを植え、ヨーロッパブドウを接ぎ木する手法が開発され、現在も行われています。科学研究の大きな功績の一つといえましょう。

1935年、フランスのワイン名産地ボルドーで原産地統制呼称法（AOC）が制定されました。各地域の銘醸ワインを格付けし、呼称の使用権を管理するもので、生産者保護と同時に消費者の選択の助けにもなり、以後ECワイン法などこの動きは世界に広まっています。

わが国では1872年に山梨でワインづくりが始まりました。しかし、夏季高温多湿の気候はヨーロッパ系のブドウの栽培に適さず、また和食中心の食事では酸の多いワインは不向きで、デザートワインタイプの甘味ブドウ酒が主流とならざるを得ませんでした。一方、わが国の気候に適したワイン用ブドウの育種開発が多くの篤志家により試みられ、現在の赤ワインの主品種であるマスカット・ベーリーAなど優れた品種が誕生しました。

白ワインの主品種である甲州種はヨーロッパ系のヴィティス・ヴィニフェラに属します。その経緯は明らかではありませんが、最近の遺伝子解析によると、遥々と旅を重ね中国南部のブドウと交配したと考えられ、オクシデンタル・ヴィニフェラと呼ばれます。甲州白ワインは穏やかな香味で、飲みやすいのですが、より強い個性を求めて、シュールリー[注2]や発泡酒製造などさまざまな手法が工夫されています。

アメリカ原産のヴィティス・ラブルスカは日本の風土に良くなじみ、種子なしデラウエアなど、われわれが良く口にするブドウはこの系統ですが、長期間の熟成による品質向上が認めにくく、また、アンスラニル酸メチルに由来する特有の香りがあり、ワインではこの香りはヨーロッパ系

注2　発酵終了したワインをそのまま空気との接触を断ってしばらく置いた後、オリ引きする方法。酵母の自己消化などで、ワインに豊かな味と独特の香りを付与する。

- ワイン
  - 非発泡性ワイン Still Wine
    - テーブルワイン（Table wine）
    - 赤ワイン（Red wine）
    - 白ワイン（White wine）
    - ロゼワイン（Rose wine）
  - 発泡性ワイン Sparkling Wine
    - シャンパン（Champagne）
    - バン・ムスー（Vin mousseux）
    - ゼクト（Sekt）
    - スプマンテ（Spumante）
  - 酒精強化ワイン Fortified Wine
    - ポート酒（Port）
    - シェリー酒（Sherry）
    - マデイラ酒（Madeira）
  - 混成ワイン Aromatic Wine
    - ベルモット（Vermouth）
    - スイートワイン（Sweet wine）

図3·4　醸造法によるワインの分類

のものに無く、フォクシースメルとして評価が芳しくありません。しかし、この香りは多くの果汁飲料にとりいれられ、一方では、評価の高いデラウエアワインも多く、消費者よりも醸造企業の意識過剰とも思われますが、これも偏見でしょうか。

いずれにせよ、現在、酒店の棚には、赤白、発泡酒、甘口、辛口など世界の特徴のあるワインが並び、料理との組み合わせもさまざまに工夫され、まさに百花繚乱といえましょう。現在、年間約30万kLが消費されています。

図3・4に醸造法に基づくワインの分類を示しました。

2 ワイン醸造

ワインの原料であるブドウは環境適応力が高い果樹で、図3・5に示すように、地球の南北半球の年平均気温10～20℃の夏乾燥地帯を中心に、亜寒帯から熱帯まで広い範囲で栽培されています。

主な栽培品種はヨーロッパ系のヴィティス・ヴィニフェラとアメリカ系のヴィティス・ラブルスカで、特に前者はワインに適すとされ、世界中に広まっています。主要な品種として、ボルドーで良く用いられる緑色ブドウのセミヨン、ソーヴィニヨン・ブラン、赤色ブドウのカベルネ・ソーヴィニヨン、メルロー、ブルゴーニュの緑色ブドウ　シャルドネ、赤色ブドウのピノ・ノワール、ドイツの緑色ブドウのリースリングなどがあり、棚づくりや垣根づくりなどそれぞれの地域に適した栽培方法が工夫されています。図3・6にわが国の主要品種を含めたブドウの絵を示します。

わが国では8～10月がブドウの収穫期です。ワインの醸造工程は図3・7に示すようで、摘み取られたブドウは醸造所に運ばれ、除梗破砕機で実を潰し、梗を取り除きます。

ブドウには緑色の果粒と赤色のものがありますが、一部を除いて、色素は果皮に含まれるアントシアンで、発酵中にもろみに溶出してワインの色となります。当然、白ワインは緑色ブドウが用いられます。果皮を傷つけなければ色素は溶出しませんから、たとえば果皮に色がある甲州種

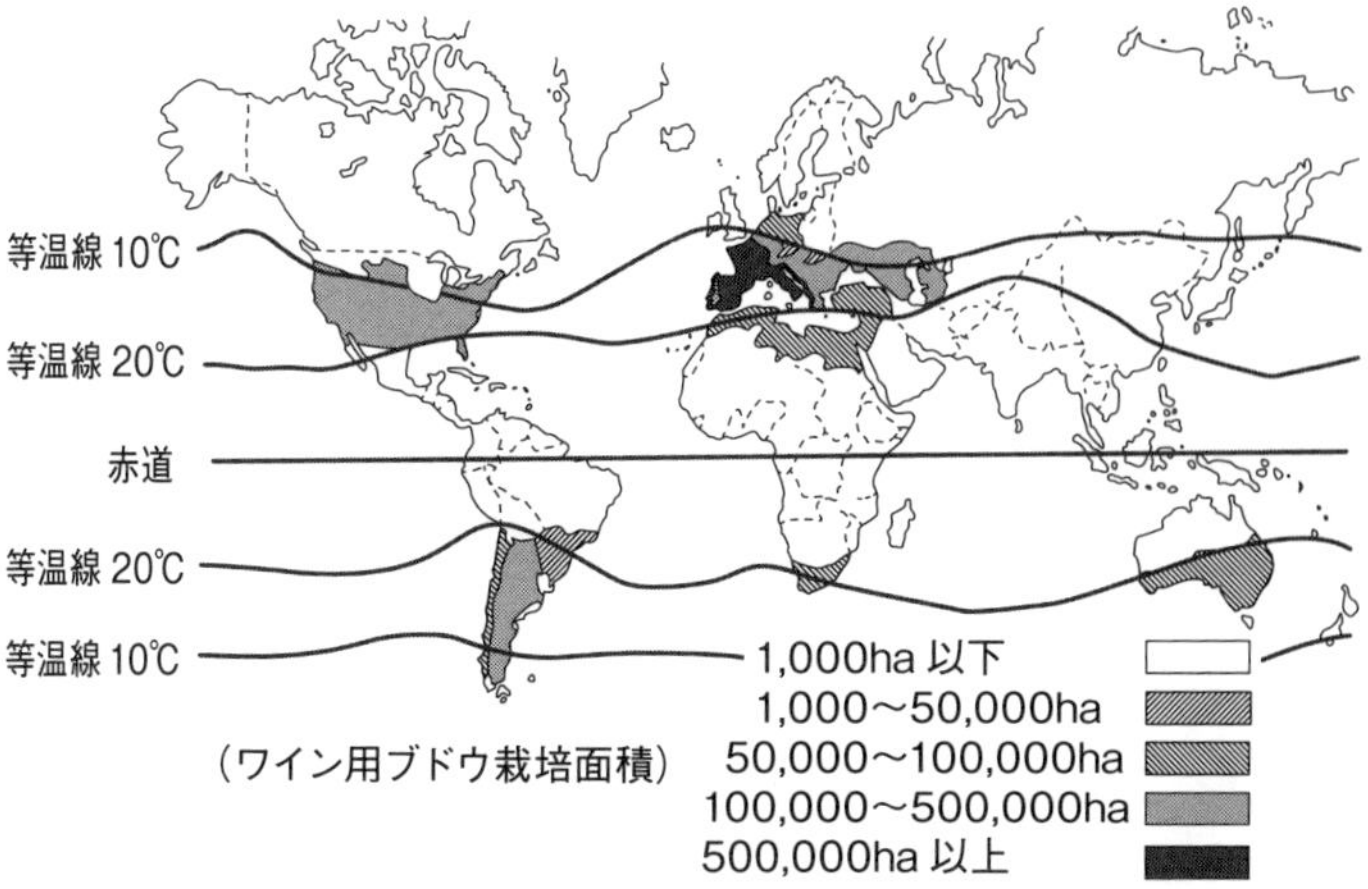

図3·5　世界のブドウの産地

からも白ワインがつくられます。

白ワインの製造は以下のようです。

破砕したブドウはただちに圧搾されます。初期、ブドウの重みだけで流出する液をフリーランといい、良質なワインが得られます。その後、少しずつ加圧しながら果汁をとり、プレスランを得ます。果汁の収量はブドウや熟度により異なりますが、おおむね65～80％で、多くの場合、酸化防止の目的で二酸化硫黄を加えます。

果汁は遠心分離機などを用いて固形物を除き、清澄にした後、糖を加えて予定の糖分になるように調整し、あらかじめ培養した酵母（酒母）を添加して発酵を始めます。最近は乾燥酵母を用いることが多くなりました。発酵温度は10～20℃で、フルーティーな香りを出すため、赤ワインより低めです。10～20日で発酵が終了

白ワイン用品種

図 3·6 ①　白ワイン用のブドウ品種

図3·6②　赤ワイン用のブドウ品種

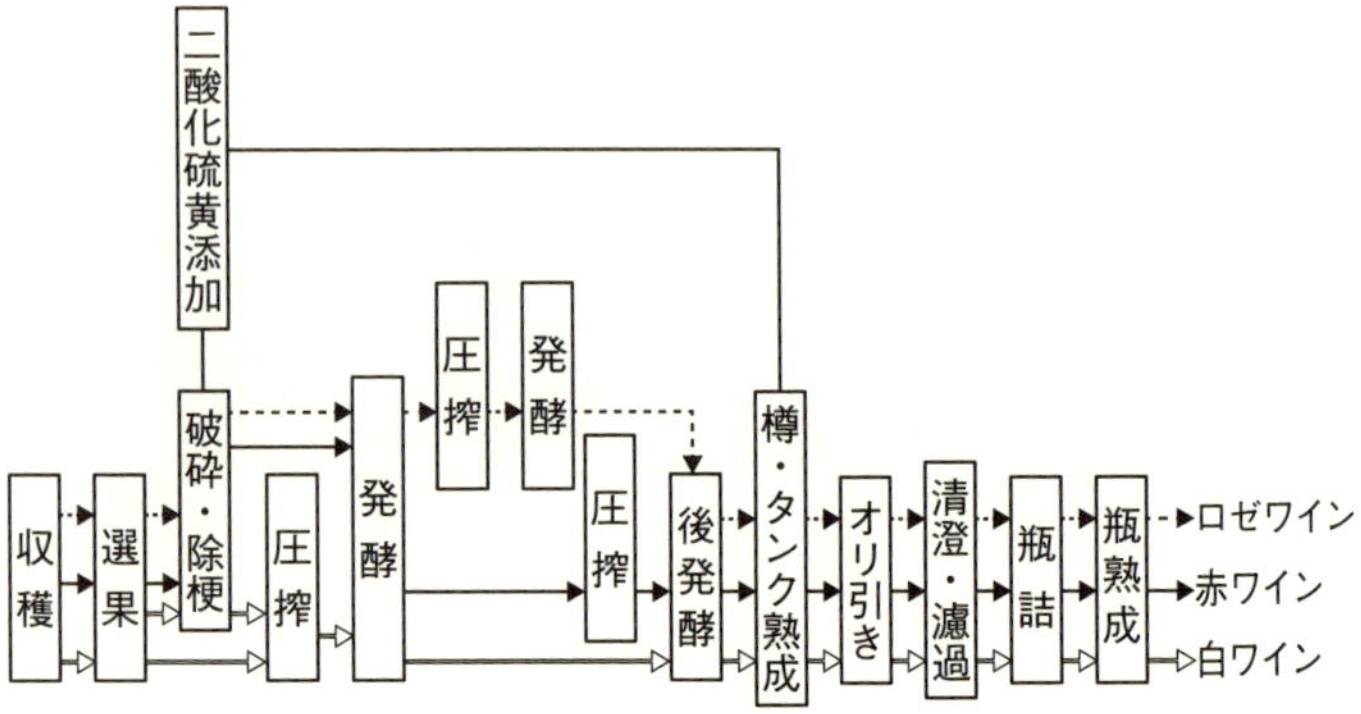

図3·7　ワインの醸造工程

し、酵母菌体などのオリを除いて、樽やステンレスタンクなどに貯蔵し、通常0・5～1年ほど熟成します。熟成したワインは濾過、瓶詰めし、貯蔵します。樽や大型タンクの貯蔵と異なり、酸素がほぼない状態で熟成が進み、ワインはそれぞれ固有の香味を示すようになり、出荷されます。

赤ワインの製造は以下のようです。

破砕したブドウ果粒に酒母を添加し、発酵が始まります。二酸化硫黄を加えることが多く、果皮からの色素などの抽出を考えて発酵温度は白ワインより高く、20～30℃で、7～10日で終了します。発酵初期には色素が、後期にタンニンが多く溶出するので、圧搾は発酵の途中で行われ、発酵終了後引き続いて乳酸菌により過剰なリンゴ酸を乳酸に変えて酸度を低下させる（マロラクティック発酵といいます）と共に、ワインに複雑な香味を加えます。

樽やタンクに移された赤ワインは色素やタンニンなど抗酸化能の強い成分を多く含むため、白ワインより熟成が遅く、通常1・5〜2年を要します。この間、タンニンや色素などポリフェノールの酸化、タンパク質などの沈降、酒石の析出などさまざまな変化を経て、香味が改善されます。熟成したワインは濾過後、瓶詰し、さらに瓶内熟成します。一般に白ワインより長時間熟成した後出荷されます。

白ワインでは、フレッシュでフルーティーな香りとすっきりした味を求めて、低温発酵や果汁を清澄にする処理、発酵終了後しばらくの間オリを除かず、ワインに複雑な香味を与えるシュールリー、同様な目的で、破砕したブドウを圧搾せずしばらく放置するスキンコンタクト、ブドウを炭酸ガスで満たしたタンク内に置き、ブドウの持つ酵素による細胞内発酵を行わせた後圧搾、発酵させるカーボニックマセレーションなど、香味改善のためのさまざまな工夫が行われています。

古くから行われている手法の例として、貴腐ワインの製造を取り上げましょう。

秋が深まり、適度な気温と湿度になると、熟したブドウの表面にカビの一種、ボトリシス・シネレアが増殖することがあります。皮細胞中で菌糸が発育すると、ブドウ粒表面から水分が蒸散し、粒内の糖分が濃縮され、通常は16〜22％ほどの糖分が30〜40％にもなります。同時にグリセロールやグルコン酸が生成されて、濃厚な味わいとなり、これを潰して得た果汁を発酵させます。

濃糖と低温のため発酵は緩慢で長期にわたり、香りが高く、強い甘味の濃厚な貴腐ワインが誕生します。

ところが、ブドウが未熟の時にこの菌が増殖すると灰色黴《かび》病といい、ブドウの品質は劣化し、減収をまねくことになります。

貴腐ワインの芳香物質の一つであるソトロンはキャラメル様の甘い香りをもたらしますが、後述するように、長期間熟成した清酒の古酒の重要な香気成分でもあります。

シャンパンなど炭酸ガスをワイン中に閉じ込めた発泡酒や、発酵途中でもろみにブランデーを添加してアルコール分を高め、発酵を停止して熟成したポートワイン、マデイラ、産膜性酵母を表面に増殖させ、特有の香味を付けたシェリー、香料植物を漬けて、成分を抽出したベルモットなどなど、ワインの世界は果てしなく広がっています。

4章　ビール　渇きをいやす酒

左：ビールグラス
（バイフェンシュテファン醸造場）
右：ビールマグ　アウガルテン
（ウイーン）

「まずビール」、宴席で良く見られる光景です。もっともこれは日本独特のもので、外国では必ずしも通用しないようですが、ビールの特徴を良く表しています。

ビールはアルコール分5％と低いものが多く、爽やかな香りと苦味を持ち、アルコール飲料であると同時にのどの渇きをいやす働きが重視されています。先述の「まずビール」はその好例でしょうし、ノンアルコールビールの消費も伸びており、将来どのように展開するか楽しみです。

1 ビールの歴史

ビールの歴史もワイン同様シュメールから始まります。出土した紀元前2500年頃と推定される粘土板モニュマン・ブルー（図4・1）にビールづくりの様子が記されています。[注1] 古代バビロニアのハムラビ法典には、ワインと同じようにビールについての規制があり、ビールはもっぱら女性によりつくられていたようです。

エジプトでも古くからビールがつくられていました。紀元前2000年頃建造されたピラミッドの内部の壁画に当時のビールづくりの様子が描かれています（図4・2）。

注1　異なる説もあるようです。

図 4·1　モニュマンブルーの図柄
（キリンビール提供）

まず麦を発芽、乾燥させて麦芽をつくり、それを砕いて、水と捏《こ》ね合わせて焼き、麦芽のパンをつくります。それを水に溶かし、ビールの発酵オリ（酵母を含んでいる）を加えて発酵させ、ビールにしました。薬草を加えたものもつくられ、ワインに比べ、一般の庶民の飲料として広く普及していたようです。クレオパトラは「まずワイン」でしょうか。

ビール醸造は北アフリカ、イベリア半島を経て、現在のフランスからドイツに伝わりました。フランク王国の時代以降、ワイン同様、ビール醸造は教会や修道院で行われ、優れた品質のビールが教会を訪れる人々にふるまわれたのです。一方、荘園の領主たちにとってビール醸造は彼らの特権で、領民たちは賦役としてビールをつくらされました。

12世紀、農業技術の革新により、生産力が増し、多くの農産物を売る市が立つようになると、それを中心に人が集まり、都市が発達します。そこではビール醸造も盛んに行われ、ビール醸造の組合が設立され、その統制の下にビールがつくられました。当時のビールにはグルートと呼ぶ薬草が用いられていましたが、12世紀頃からホップの使用が始まり、その殺菌力と爽やかな香りと苦味が好

図4·2　古代エジプトの壁画に描かれたビールづくりの様子
（キリンビール提供）

まれ、他の薬草を駆逐し、15世紀以降もっぱらホップのみでビールがつくられるようになりました。1516年、バイエルンのウイルヘルム4世はビール純粋令「ビールの原料は大麦、ホップ、水」を発布し、現在もドイツ国内では守られています。

15世紀末頃から、寒い冬期に、下面酵母により低温でゆっくりと発酵させる下面発酵法が開発され、ビールの汚染も減り、品質が向上して、南ドイツを中心にビール醸造が盛んになりました。その後、30年戦争による荒廃など紆余曲折を経て、18世紀後半の産業革命がビール醸造にも波及し、19世紀初頭にはビール醸造工程の大部分が機械化され、品質の安定と低価格に貢献しました。

ワインの章で述べたように、19世紀の発酵に関する研究開発の恩恵はワインよりビールの方が大きく、冷凍機の発明により、夏でも良質のビールが生産され、大規模醸造場による少品種大量生産方式が主流となり、現在に至っています。

わが国のビールはほとんどがピルスナータイプでしたが、20世紀末頃から、苦味の少ない軽快なアメリカンタイプのビールへの嗜好が高まり、副原料を増やす発泡酒や、麦芽を使用しない第3のビールの出現もあり、現在、この三者を合わせて、年間約550万kLが消費されています。そのうちビールは約280万kLです。最近はコクのあるビールへの嗜好の回帰が認められます。その上、多くの小規模醸造場も健在で、特徴のあるスタウトやバイツェン、アルトビールタイプなどを生産し、ノンアルコールビールも出回って、ビールの世界も多彩になりました。

2 ビール醸造

ビールの大半を占めるピルスナータイプの下面発酵ビールの醸造工程は以下のようです。

麦芽の製造：ビール麦芽の原料となるのは二条大麦（図4・3）で、籾《もみ》殻が剥離《はくり》しにくく、ビール大麦と呼ばれます。日本での生産量はわずかで、ホップ同様、大半が麦芽の形で輸入されています。

ビール醸造工程は図4・4に示すようですが、大麦を水に浸して、水分と酸素を供給し、タンニンや雑味を与える物質と共に発芽抑制ホルモンのアブシジン酸を溶出させ、温度、湿度を調整し、通気撹拌装置を備えた室に送り、大麦を発芽させます。大麦中の酵素が活性化されてデンプン、タンパク質を分解し、マルトースやグルコース、デキストリン、アミノ酸、ペプチドなどに変え、細胞壁を破壊するので、麦粒は柔らかくなります。芽と根が伸び、充分な酵素群と糖などが蓄積した段階で、麦芽（緑麦芽）

図4·3　二条大麦
（キリンビール提供）

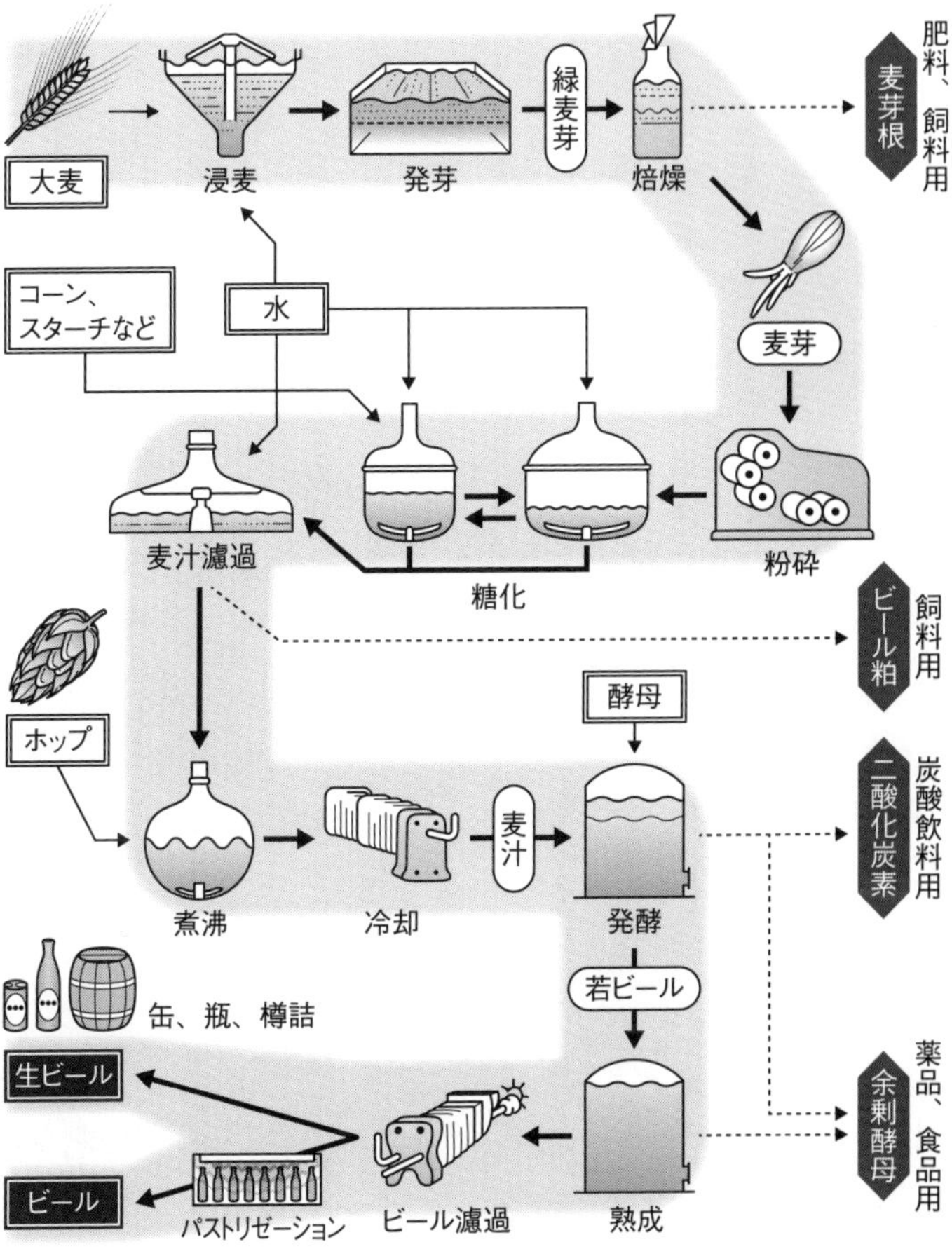

図 4·4　ビールの醸造工程

を熱風乾燥し、苦みのある根を除いて、貯蔵性の高い淡色麦芽として貯蔵します。乾燥温度や時間を変えて、色麦芽やカラメル麦芽などをつくり、エールやスタウトなどの原料とします。

次に麦芽を砕き、糖化槽中の湯に加え、麦芽の酵素によりデンプンやタンパク質を分解し、溶出させます。副原料として、デンプンを多く含むコーンやスターチを蒸煮して糖化槽に加え、共に糖化します。

デンプンの分子はグルコースが直列に結合したアミロースと、多数の枝分かれした側鎖を持つアミロペクチンからなり、温水中で膨潤、溶出し、アミラーゼの分解を受けやすくなり、デンプンの75～80％がグルコース2分子が結合したマルトースやグルコースとなり、残りは高分子のデキストリンとなります。タンパク質はプロテイナーゼやペプチダーゼによりアミノ酸や高分子のペプチドなどになりますが、アミラーゼやプロテイナーゼの至適温度が異なるので、温度を調節して次第に上昇させ、糖化を進めることで、ビール醸造に適した成分濃度の麦汁が得られます。

次いで糖化液を濾過し、透明な麦汁にします。この操作は繰り返し行われますが、最初の濾過で得られる液が高品質で、一番搾りと呼ばれます。

麦汁を煮沸釜に入れ、ホップを加えて煮沸します。

ホップはアサ科の雌雄異株の多年生植物で、その未受精の雌花（図4・5）が用いられます。冷涼な気候を好み、支柱に巻き付いて成長し、5mほどになります。7月頃開花し、8～9月に収穫します。図4・5に示すように、雌花の苞が松かさの形になり、その間に黄色のルプリン粒を蓄えますが、ルプリン中には苦味成分フムロンが含まれ、麦汁煮沸中にイソフムロンに変化して、ビールの爽快な苦味に大きく貢献します。さらにイソフムロンと麦芽の起泡タンパク質が結合して、ビールの泡を安定に保つ働きをします。

ホップには香りの高い精油成分が含まれ、ビールの爽やかな香りに貢献します。精油成分が多く、苦味成分の少ないアロマホップと、苦味成分の多いビターホップがあり、製品の酒質に合わせて併用されます。前述のようにホップは殺菌作用がある他、健胃、催眠、利尿作用が知られています。ビールを飲むと小水が近くなるのは良く経験されておられましょう。一方で、ホップから溶出したタンニンと麦汁中のタンパク質が結合、凝集沈殿し、麦汁中の窒素成分は大幅に減少します。

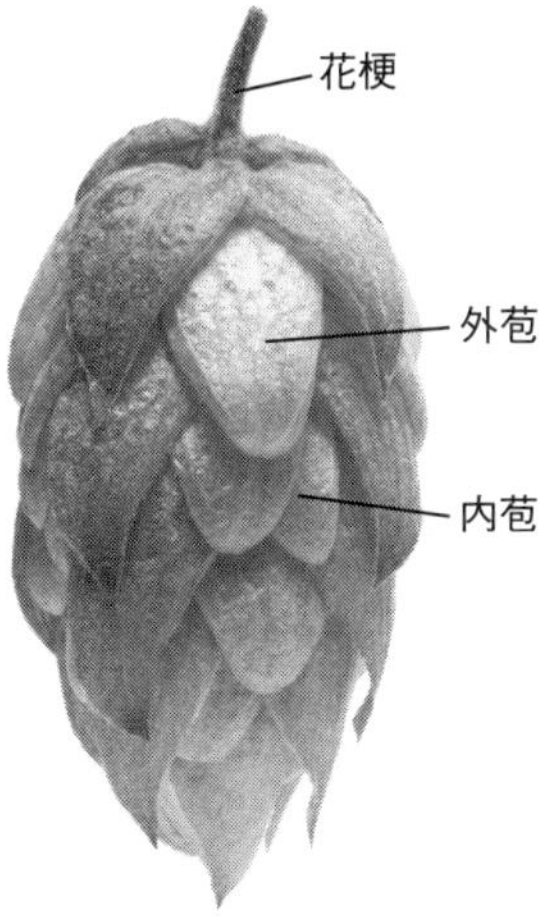

図4·5　ホップの毬花
（Texturis/Shutterstock）

沈殿物を除いたホップ麦汁は発酵槽に移され、ビール酵母を接種して10℃以下の低温で発酵が始まります。酵母の接種量はワインや清酒醸造に比べてはるかに多く、速やかに発酵が進み、ほぼ1週間で終了し、若ビールとなります。発酵終期には酵母は凝集、沈降し、これを回収して繰り返し使用するのがビール醸造の特徴の一つです。

若ビールは不快成分が多いので、密閉タンクに移して、さらに低温で不快な未熟物質を除き、徐々に発酵を進め、発生した炭酸ガスをビール中に溶解させ、ビールを熟成させます。

熟成の終了したビールは濾過、清澄にし、瓶や缶、樽に詰めて出荷します。

コラム　ビールの泡

黄金色に輝く液体の上の真っ白な泡の層、ビールの美味しさをいっそう増す光景ですが、ビールの泡の層は炭酸ガスや香気成分の揮散を防いだり、ビールの酸化を防ぐ働きのほか、過剰な苦味成分を吸着するなど、重要な働きをしています。泡の消えたビールがまずい理由です。

しかし、ワインや清酒などには発泡性のものはあっても、泡の層をつくるものは無く、ビールの泡はビール独特のものです。

ビールをグラスに注ぐと、衝撃で炭酸ガスの泡が発生し、上昇します。この泡の気相に、麦芽に由来する疎水性タンパク質が配向して、安定な液膜を形成します。ホップの苦味成分イソフムロンはタンパク質同士をつなぎ、泡の安定化に貢献します。泡中の液体部分は重いので、下に流れ、泡の液膜が次第に薄くなり、最後に崩壊します。

脂肪酸は疎水、親水両方の性質を持つので、泡を容易に破壊し、ビールの大敵です。ビアホールでジョッキを丹念に洗うのも脂質を除くためです。

コラム　さまざまなビール

世界には左の表に示すように、色、香味に特色のあるさまざまなビールがあります。そのいくつかをご紹介しましょう。

特に、古くからビールづくりが盛んなドイツでは地域ごとに特徴のあるビールが今でも好まれています。

バイエルン地方ではアルコール分が6%以上もあるボックビールがあり、特にアイスボックはアルコール分11%、濃厚な味で、オンザロックや炭酸割りが美味しいビールです。

この地方には小麦を原料とするバイ

ビールの分類

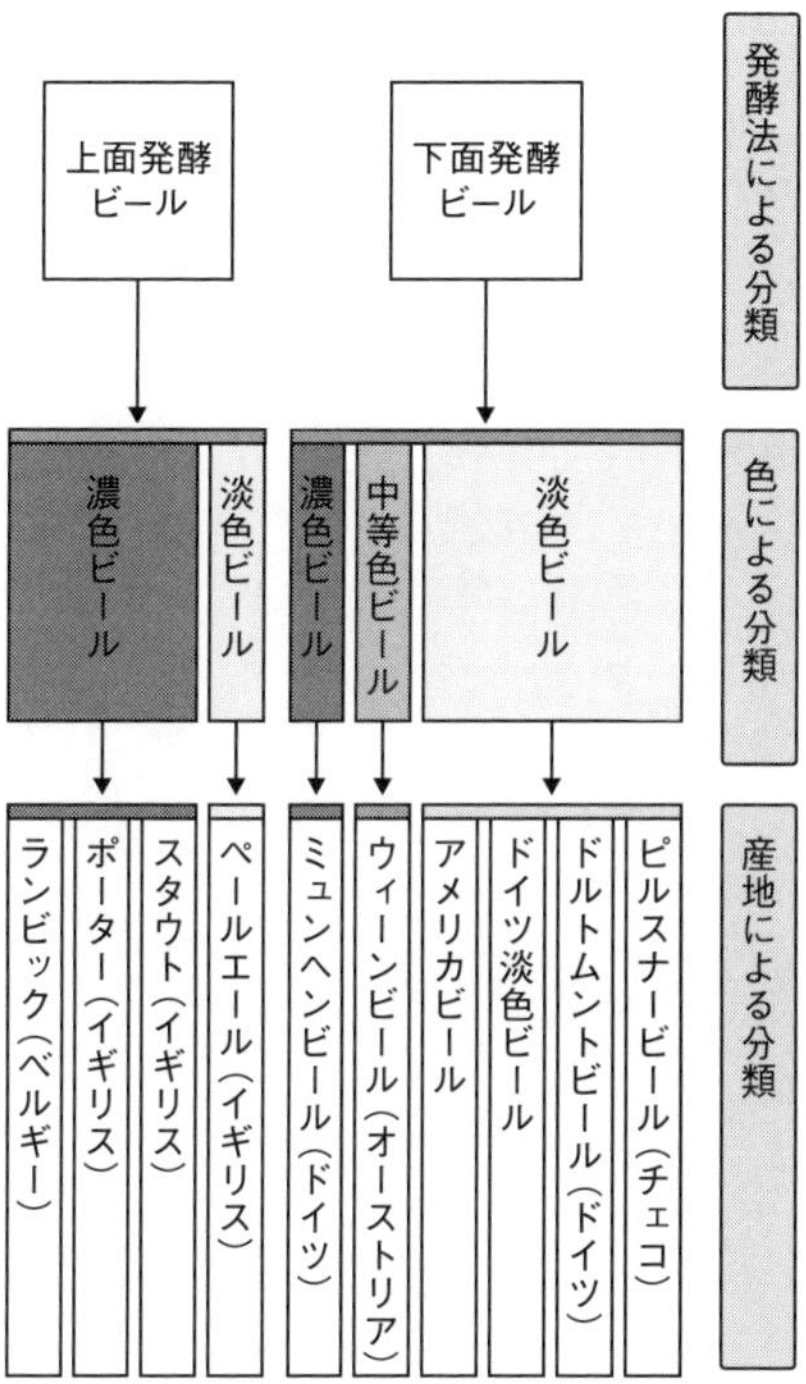

ツェンビールもあり、フェノール化合物に由来する独特の香りとあっさりした味で、酵母入りのものもあり、女性に好評で、レモンを浮かべて飲みます。同様のビールにベルリナーバイスがあり、乳酸菌と酵母の混合発酵により、酸味が強く、夏のベルリンの風物の一つです。

デュッセルドルフのアルトビールは赤銅色と苦味が特徴のビールで、ケルンのケルシュも同タイプですが、これらはボックを除いて、いずれも上面発酵ビールです。

ベルギーもさまざまな地ビールで有名です。

中世の修道院醸造所の面影を残す修道院ビールは瓶内発酵でつくられ、濃色で高アルコール分の濃醇な香味のビールです。

酵母入りの酸味の強い清涼感の白ビール、同様に酸味の強いワイン風味の赤ビールに加えて、ブリュッセルのランビックは醸造用木樽に生息する酵母や乳酸菌による自然発酵、次いで熟成に1～2年を要するそうです。これに桜桃を6か月間ほど漬けこんだものをクリークといいます。

イギリスで最もポピュラーなビターエールは上面発酵です。炭酸ガス含量の低いもので、パブでご経験の方も多いのではないでしょうか。スタウトは苦味の強い濃色のビールです。

チェコは世界の主流であるピルスナービール発祥の地ですが、柔らかい甘さのある黒ビールも人気の製品です。

コラム　酒と音楽〜オペラと歌舞伎

古くから酒宴には音楽が奏されるなど、酒と音楽は深い関係があります。特に音楽と劇の総合芸術であるオペラでは飲酒の場面が多く見られます。

たとえばベルディーの『椿姫』の第一幕の終わりに歌われる「乾杯の歌」など有名ですが、最も多くの酒が出てくるのはヨハン・シュトラウスのオペレッタの『こうもり』でしょう。

第一幕後半に、警官侮辱罪で刑務所行きとなった主人公ガブリエル・アイゼンシュタインの妻ロザリンデの元恋人の歌手アルフレッドが勝手に居間に忍び込み、ワインの杯を片手にロザリンデに一緒に飲もうと歌うのを初めとして、第二幕の始め、宴会の主人、ロシアの大富豪オルロフスキー殿下がレナール侯爵になりすましたアイゼンシュタインにマデイラを強要するシーン、中でもシャンパンを一同たらふく飲み、踊りの後に、舞台回しの役割をするアイゼンシュタインの友人ファルケ博士が「宴席の兄弟姉妹たちよ、隣同士まずキスをして絆を深めよう」と呼びかける場面は、このオペレッタの白眉《はくび》です。

話は変わって、第三幕、刑務所の場面で、酒好きの牢番のフロッシュが、壁に掛かる絵の後ろに隠したスリボビッツをグビッと飲みながら歌う一節、最後に一同揃って、「すべての罪はシャンパンにある」と大合唱のうちに幕が下ります。

ワイン、シャンパン、マデイラ、スリボビッツと4種類の酒が登場するオペレッタの傑作です。

歌舞伎もオペラに劣らぬ華やかな演技と音楽の総合芸術です。『勧進帳』を例に取りましょう。

頼朝に追われて、奥州に落ちのびる義経主従が安宅《あたか》の関（石川県小松の近く）に差し掛かります。関の守りの堅いことを知った一行は義経を供の者にしたてて関越えを図りますが、関守富樫に見とがめられ、弁慶は涙を振って義経を打擲《ちょうちゃく》します。富樫は弁慶の忠誠心に共感し、一行の通過を許しますが、しばらくして後を追い、詫びの印に一献ふるまおうと申し出ます。弁慶が代表してこれを受け、豪快な飲みっぷりで一同を驚嘆させ、「鳴るは滝の水」と豪快な舞を披露し、頃合いを見て、義経一行に合図して、旅立たせ、富樫に深く感謝して、最後に花道を六法を踏んで退散するという、華やかにして、悲しい、人の心を打つ舞台です。

酒がお互いの心をつなぐ有効な手段となる好例といえましょう。

5章　日本酒（清酒）

盃　左・中央：有田焼、右：唐津焼
［左から柿右衛門、今右衛門、太郎右衛門（いずれも 13 代）製］

1 日本の酒の歴史

日本酒は日本固有の酒で、古くから人々に愛され、現在年間約60万kLが消費されています。わが国で米の栽培が始まったのは縄文末期、紀元前4世紀頃とされていますが、米を原料とした酒づくりの技術もほぼ同じ頃に伝来したのではないでしょうか。

前述のように、米を用いた口噛みの酒づくりは『大隅国風土記』に記されていますし、『播磨国風土記』には「大神の御粮《みかれい》、ぬれて黴《かび》生えき、即ち、酒を醸《かも》さしめて、庭酒《にわき》を献《たてまつ》りて、宴《うたげ》しき」との記述があります。

神様に捧げた蒸米が濡《ぬ》れてカビが生えたので、それを用いて酒をつくり、酒宴をしたということで、日本固有の米麹の利用が普及していたことが窺《うかが》えます。前述のとおり、このカビは麹菌（アスペルギルス・オリゼ）でしょう。

この文面からも、米の酒が神様からの授かりもので、一同が会してそれを頂き、人々の連帯を深めたことがわかります。このように神と人が共に飲食をする神事は、現在もお祭りの後に参列者一同が酒宴を催す直会《なおらい》に見ることができますし、古代関東で、春秋に行われた歌垣《うたがき》も同じでしょう。

律令時代、酒造は宮中で行われました。大宝律令の施行規則である延喜式（967年施行）には、酒造について詳細な規則が定められています。

宮内省に造酒司《さけのつかさ》を置き、酒や酢を醸造し、宮中での宴会、役人の給与の一部に供していました。平城京の発掘調査で、奈良時代の造酒司と思われる遺跡が左京に見いだされました。現在良く整備、公開されており、大きな井戸の跡などを見ることができます。京の都では御所の西側、藻壁門の近くにありました。

延喜式では、酒の種類、生産量、製造時期も細かく規定され、当時の酒造を知る貴重な資料です。酒米の年間使用量はほぼ54トン、生産量は45 kLほどと推定されます。いくつかを紹介しましょう。

御酒《ごしゅ》は主上への供御酒や節会《せちえ》に供された高級酒で、生産量は約９kLと推定されます。蒸米と米麹に水を加え、発酵させ、熟成したもろみを粗く濾して、その中へ蒸米と米麹を加えて発酵、熟成、濾過、蒸米および米麹添加、発酵を４回繰り返し、御酒になります。この方法をしおると言い、ヤマタノオロチ伝説の八塩折の酒と同じ方法で、きわめて甘口の酒でしょう。蒸米、米麹、水の比率は10：４：８で、現在の酒造に比べて、汲水量がほぼ半分です。

御井酒《ごいさけ》は初秋以降つくられ、汲水量がさらに少ないのが特徴で、極甘酒と思われます。

三種糟は正月節会用で、米、糯米《もち》、粟《あわ》を用いて別々に仕込み、汲水代わりに酒を用い、米麹と麦芽を併用した珍しい酒です。

このようにいずれの酒も甘さが際立っています。当時の人の甘味嗜好はきわめて強かったことが窺えますが、たとえば、醴《れい》酒は真夏につくられる極甘の酒で、女官たちが、氷室から運ばれたかき氷を入れた「水酒」などを楽しむ姿が目に見えるようです。

もちろん、当時の庶民がこのような酒を飲めるはずがなく、山上憶良の『貧窮問答歌』にあるような、酒粕《かす》を湯で溶いた粕湯酒程度のものであったのでしょう。酒は日常の飲料ではなく、ハレの日に頂く貴重品であったと思われます。

宮中の元日節会の次第は以下のようです。

朝賀の式が終わると、天皇は紫宸殿に出御され、元日節会が始まります。親王、公卿らが昇殿、着座し、まず天皇、次いで臣下に御膳が供され、三献の儀が行われます。一献目には吉野の国栖人が歌笛を奏し、三献目には、雅楽寮の楽人が立ったまま奏楽します。その後宣命が読まれ、正式儀礼が終わります。後の武家の酒式となった式三献は、これに基づいています。

平安貴族の饗宴も多くの記録があり、正式な宴座《えんのざ》と席を変えて、やや私的な感じの穏座《おんのざ》に分かれていました。大臣が催した大饗の膳には、30種以上の料理が並び、外側には栗や果実、餅、唐菓子、次いで干魚や焼き魚、鳥、魚の生身、内側に調味料として塩、酢、酒や醤《ひしお》が並び、野菜は置かれていません。栄養的にはかなり偏ったもので、このような食事が続くのであれば、多くの貴族たちが脚気と便秘に苦しんだことでしょう。

彼らは私的な宴を頻繁に催していたようで、神と共に頂く神聖な酒から人々と楽しむ酒への移行が見られます。

武家に政権が移る12世紀頃には民間でも濁り酒や清酒がつくられ、販売されました。1252年、鎌倉幕府は市中で酒を売ることを禁止し、民家所有の酒壺を破棄しています。飲酒が過ぎて、武家の規律が乱れ、富裕な酒屋により武家、農民が経済的に圧迫されるのを嫌ったのでしょうか。

この時代、武家の饗宴方式は式三献と呼ばれました。まず杯が主人から主客に、相伴役から次の客に献上されます。正客の杯は北回りに、次の客の杯は南回りに順次送られ、飲酒の前に肴が勧められ、此れが3回繰り返されます。これらの宴席には料理を載せた膳が出席者の前に置かれ、一の膳、二の膳、多い時には七の膳まで出たと言いますが、総じて鎌倉時代の武士は質素な生活をしていたようで、北条時頼が少量の味噌を肴に数献に及んだとの逸話が残っています。もっとも当時の味噌は貴重品でしたから、やはり相応の贅沢であったのかもしれません。なお、このような料理様式を本膳と呼び、その後も長く続きました。落語の「本膳」では、本膳料理に招待された長屋の一同が難しい料理作法がわからず、同席の寺子屋の師匠の真似をして失敗するおかしさが描かれています。

15、16世紀は、味噌などの調味料が普及し、魚や野菜の煮つけや、食材を煎《い》る、擂《す》る調理法が行われ、海外からもさまざまな食材が移入されるなど、日本人の食生活が大いに進展した時代です。

16世紀、室町時代末期に茶の湯が起こると、茶会の料理として、わびの精神に基づいた宴、料理が誕生しました。一汁三菜を基本とし、日本の四季を巧みに映した懐石料理です。これが現在の日本料理の基本となりましたが、料理を頂いてから酒を飲むなどきわめて合理的です。

14世紀、室町時代には、京都を中心に酒造と販売が盛んになりました。鎌倉幕府と異なり、まず朝廷が酒屋に課税、次いで室町幕府が酒屋を保護、酒税を徴収しました。

この時代、酒造技術は奈良の寺院を中心に革命的進歩を遂げ、世界に誇る独特な酒造法の基盤を築きます。寺院酒造は10世紀頃に遡《さかのぼ》ることができますが、中世寺院は荘園からの年貢米、清浄な水、僧侶の頭脳と労力など、酒造に好適な条件が揃っていました。彼らは自己財源を確保するため、酒の大量生産、販売を図ったのです。酒造技術を伝えるものに15世紀に書かれた『御酒之日記』、『多聞院日記』があります。

延喜式の御酒が酒を汲水代わりに仕込む方式であるのに対し、『御酒之日記』に記された御酒は、表5・1に仕込み配合を示すように、発酵中に原料を投入して増量していく段仕込み方式で、現在の酒造法の原点です。

まず蒸米、麹と水を混ぜ、蓆《むしろ》を巻いて保温しながら、酵母の増殖を促します。増殖が完了した酒に、麹、水、蒸米を加えて発酵させて酒をつくります。『多聞院日記』に記された天野酒も同様で、

表5·1　御酒，天野酒，菩提泉の仕込配合
『御酒之日記』（1489（長享3）or 1355（文和4）年？）

		元（合）	初度（合）	第二度（合）	合　計（合）	麹歩合（%）	酒母歩合（%）	汲水歩合（%）
御　酒	総米	160	160		320	37.5	50.0	75.0
	蒸米	100	100		200			
	麹	60	60		120			
	汲水	100	100		200			
天野酒	総米	160	160	360	680	26.5	23.5	?
	蒸米	100	100	300	500			
	麹	60	60	60	180			
	汲水	100	100	?	?			
菩提泉	総米	150			150	33.3	50.0	80.0
	蒸米	100			100			
	麹	50			50			
	汲水	100			100			

（注）歩合はメートル法で表示

原料を2段階に分けて投入する方式で、冬につくられました。

原料米は玄米が用いられてきましたが、この時代、精白米が用いられるようになり、諸白《もろはく》と呼ばれました。発酵終了したもろみを酒袋に入れて、加圧圧縮して清酒を絞り出す上槽《じょうそう》も行われ、さらに1568年の記述には清酒の加熱殺菌処理が記されています。パスツールの加熱殺菌法の発明より300年前に行われていたとは驚きで、当時の技術の高さがわかります。木工技術の進歩により、大型木桶づくりの技術も発達し、16世紀には1・8kL容の酒桶の記述もあり、17世紀以降の大量生産が可能になっていきます。地方における酒の醸造、酒の流通も盛んになり、豊臣秀吉が催した醍醐の花見に供された酒として、天野酒や奈良の僧坊酒と並んで、加賀の菊酒、博多の練酒、江川酒

などの名が記されています。ちなみに菊酒は黄菊、白菊を煎じた水で酒を仕込むという優雅なものです。

15世紀、沖縄で泡盛、16世紀には九州で焼酎の製造が始まり、それに麹を加えた味醂やさまざまな生薬を加えた薬味酒の製造も始まり、ワインやアラックなどが海外から日本に伝わって来ました。このように16世紀は、酒の世界で製造、流通共に革新的変化が起こり、さまざまな酒が花開いた時でした。

17世紀、江戸時代に入ると伊丹や池田などの酒が大都市、特に江戸で大量に消費されるようになります。大都市江戸の酒の需要は増大し、元禄時代に約4万kL弱の下り酒（主として関西からの移入酒）が消費されたと記録されています。この輸送は船で行われ、菱垣廻船や酒樽専用の樽廻船が江戸の新川の酒問屋へ荷を運びました。

新川は上戸の建てた蔵ばかり

当時のありさまを揶揄《やゆ》する川柳でしょうか。

これだけの大量消費の原因として、会席料理屋を始めとする飲食店の発展と、武士を始め人々の飲酒機会の増加（付き合い酒）、独酌の普及などが挙げられます。江戸は新興都市で、藩邸勤務の武士を始め多くの職人など独身者が多く、淋しさを酒で紛らわすことも多かったのではないでしょうか。

幕府を始め、諸藩の経済は米を基準にしており、米の収穫量と価格は最大の関心事でした。所定の収穫量と販売額を得るため、収穫量の多い年は酒造米を増やして、米価格を安定に保ち、少ない年は酒造量を抑制して、米を確保する方策が取られ、酒は幕府や藩にとって、その酒税と合わせて、重要な財政物資でした。この状況は明治時代にも続き、日露戦争当時、酒税は国の歳入の半ばを占めていました。

1697年、幕府が酒造業の調査を行った報告では、全国の酒造業者は約2万7000、平均6・2kLの清酒を生産しています。

18世紀、幕府が酒造量制限を解除すると、特に灘の酒屋が生産量を大幅に伸ばします。冬期に行う酒造では大量の精白米を短期間で得なければなりませんが、当時の精米は人が足で梃《てこ》を踏む杵つき法で、多数の労力が必要となります。灘の酒屋は六甲山から流れる川に多数の水車を建て、水車精米を行うことで、この問題を解決しました。灘の冬の寒冷な気候、西宮で発見された酒造に好適な「宮水」（鉄分が少なく、カリウムとリンが多い）、伊丹や池田の酒蔵で腕を磨いた技能者集団（丹波出身者が多い、彼らの統率者を杜氏《とうじ》と呼び、酒造の一切を委任されることが多い）の存在に加えて、前述の大型仕込み桶、雑菌の汚染を避け、安全に高品質の酒を生産する冬期醸造、酒母（酵母の純粋培養）の利用、もろみの段仕込みなどの技術が良質な酒の大量生産を可能にし、大消費地江戸の存在、樽廻船など輸送手段の確立がそれを支えました。酒蔵の生産規模は180

kLに達し、生産された酒の80％ほどが江戸へ下ったようで、19世紀初めには約6万kLと、江戸の消費量の50％になりました。ちなみに当時100万都市と言われた江戸市民1人当たり60Lになり、よくも飲んだものです。

このように、当時の酒造技術は独特で世界のトップクラスと言えるものでしたが、明治時代、パスツールたちが創り上げた最新の醸造学など欧米の自然科学が導入され、酒造に適用されました。当然、さまざまなトラブルが生じたのは想像に難くありません。当時の酒税収入は地租と並んで国の主要財源でしたから、健全な酒造を目指した技術の改良と酒質の向上を研究する国立の研究機関、醸造試験所が1904年、東京の北部、滝野川に創設されました。余談ですが、筆者は永らくここに勤務しておりました。[注1]

醸造試験所、大学、酒造技術者たちの研究成果は目覚ましく、以来、酒造技術は大幅に改良、進歩しました。例として、日本独特の優れた技術である酵母の純粋培養法、生酛《きもと》の仕組みの解明と改良を挙げてみましょう。

注1　醸造試験所は改組されて、独立行政法人酒類総合研究所となり、東広島市へ移転し、現在酒類の原料、関与する微生物の育種開発、環境対策、分析法の開発など、酒造企業、大学など研究機関とも連携して、活発に研究、成果の応用、普及活動を行っています。

寒い早朝、蒸米と麹を冷水に混ぜて放置、低温を経過させた後、少しずつ温度を上げて、糖化と発酵を促す。この機作は次のように解明されました。

仕込みの初期、低温で貧栄養の状態から、次第に温度が上がり、麹の糖化作用が進み、栄養分が増加するにつれ、それぞれの環境に適したさまざまな細菌などが増殖と消滅を繰り返します。その中でシュードモナスなどの細菌が酒母中の硝酸を還元して亜硝酸をつくり、蓄積した糖や低温などと共に、細菌や野生酵母などの雑菌を死滅させます。亜硝酸が消滅すると、増殖した乳酸菌が乳酸を生成し、pHを低下させる結果、乳酸菌を含めたすべての菌が死滅し、環境に適した清酒酵母のみが健全に増殖するのです。pH低下の主要因子が乳酸であると判明したので、酒母仕込みの最初に乳酸を添加して、pHを下げ、あらかじめ培養した清酒酵母を添加することにより、煩雑な操作を省力し、短時間で酒母を製造する方法（速醸）が開発され、現在、多くの酒造場で使用されています。研究はさらに進み、生酛《きもと》酒母の酵母は速醸のそれに比べて、アルコール耐性などさまざまなストレスに対する耐性が優れていること、両者の酒質は異なり、生酛《きもと》使用酒は総じてコクとキレがあり、速醸酒は香りが高く、端麗であることが明らかになり、その理由が種々研究されています。

優良な麹菌や酵母の育種開発はバイオテクノロジーの発展により一段と進展し、多くの優良株が実用に供されていますし、酒造に適した米の育種開発も盛んで、山田錦など優れた品種が栽培

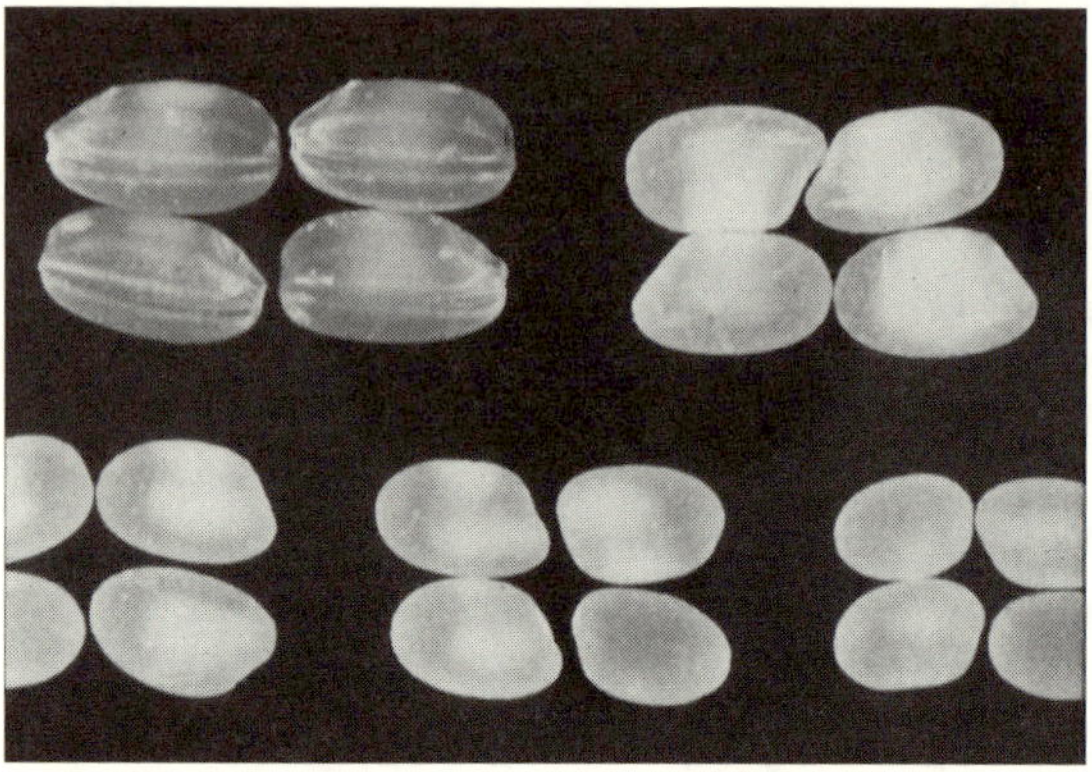

図 5･1　玄米と白米
左上から玄米、75％白米、左下から 70％、60％、50％白米

され、使用されています。精米は日本独自の開発で、世界トップレベルの精米機を用いて、図5・1に示すように、高度な精米が行われ、中には玄米を70％（精米歩合30％）も削った白米も用いられ、芳香生産力の高い酵母の利用、精密な温度制御可能な密閉発酵タンクの使用、改良した上槽、貯蔵、瓶詰方式の採用などがあいまって、優れた品質の清酒が製造されています。

清酒の標準的なアルコール分は15％、世界の醸造酒の中で最も高アルコールです。表5・2に日本のワイン、ビール、清酒の主要な成分組成を示しますが、清酒は他の二者に比べてアミノ酸など窒素成分が非常に多く、酸が少ないのが特徴で、香りが地味なことと合わせて香味のバランスが取り難く、著量のアルコールが味覚を抑制してまとめているので、アルコールを下げると香味がバラバラになってしま

表5·2　清酒、ワイン、ビールの成分組成

	清酒	ワイン	ビール
アルコール%	15（9-18）	12（9-18）	5（1-18）
糖分%	2.2-5	0.8-7	2.8-4
グルコース%	2-3.5	0.1-1.5	0.1
フラクトース%		0.2-3.5	
マルトース%			0.1-0.4
マルトトリオース%			0.2-0.5
グリセロール%	0.3-1.5	0.1-1.5	0.1-0.3
酸度	1.1-1.5	7-13	1.5
乳酸 ppm	300-600	1000-5000	50-250
コハク酸 ppm	500-600	500-1500	40-100
リンゴ酸 ppm	200-400	500-5000	50-120
酒石酸 ppm		2000-5000	
クエン酸 ppm	70-150	100-300	100-200
全窒素 ppm	800-1500	90-270	500-800
グルタミン酸 ppm	150-400	100-300	10-20
ロイシン ppm	110-300	10-40	10-40
プロリン ppm	120-160	200-500	200-400
イソブタノール ppm	30-70	90-270	5-15
イソアミルアルコール ppm	110-200	110-350	40-70
酢酸イソアミル ppm	3-15	5-20	1-3
カプロン酸 ppm	1-10	1-4	0.1
ポリフェノール ppm		40-3800	140-240
カリウム ppm	13-120	100-1800	300-500
ナトリウム ppm	15-240	10-400	10-50
マグネシウム ppm	5-35	50-250	50-100

うのです。特に窒素成分の味への影響が大きいのですが、最近の研究の成果はこの点も解決しつつあり、アルコール分10％の酒が店頭に並ぶようになり、中には8％のものも見られます。

現在市販されている主な清酒を挙げてみましょう。

純米酒：米、米麹（米使用量15％以上）と水だけを原料として製造した清酒。しっかりした味でコク、キレのあるものが多い。

本醸造酒：精米歩合70％以下の白米と米麹、水で醸

造し、白米と麹米の合計量の10％以内の醸造用アルコールをもろみに添加して製造した清酒。
吟醸酒：精米歩合60％以下の白米を用い、同様の製法で、低温で発酵させ、果実や花のような芳香があり、端麗な色と味の清酒。
以上の3種類を特定名称酒といい、高品質とされています。
原酒：もろみを搾り、清澄にした清酒で、水を加えてアルコール分を調整していないので、アルコール分が高いものです。
生酒《なましゅ》：製成後、一切加熱処理をしない清酒で、搾りたての新鮮さと若々しさが特徴ですが、変質しやすいので、早めに消費するのが望ましいものです。
生貯蔵酒：生酒と同様に加熱処理せずに貯蔵し、出荷時に加熱処理した清酒。生酒とほぼ同様の酒質で安定し、保存が容易です。
樽酒：木製の樽（通常は吉野杉の樽）で貯蔵し、杉特有の香気のついた清酒。
生一本《きいっぽん》：純米酒で、同一酒造場で製造されたもの。
長期熟成酒：長期間熟成した清酒（最低3年間）。いわゆる古酒で、後述するように、多くが特有の複雑な香気と後味の快い苦味を示します。

2 清酒の醸造

清酒の製造工程は図5・2に示す通りです。

原料米は日本で栽培されている短粒のうるち米です。山田錦など特に酒造に適した米を酒造好適米といいますが、いずれも大粒で、タンパク質が少ないものです。図5・3に示すように、玄米粒内部は胚乳細胞が石垣状に積み重なり、細胞内部はデンプン粒に満たされています。麦や芋と異なり、米のデンプン粒は小粒の短粒が結合した複粒構造で、その間隙を粒状のタンパク質が埋めています。米粒の外側は糊粉層で覆われています。発芽の際、この細胞がさまざまな酵素を生産して、デンプンやタンパク質を分解し、稲をつくり、そのエネルギーを供給するのです。表層は皮で覆われています。タンパク質は酒造好適米でも7％を

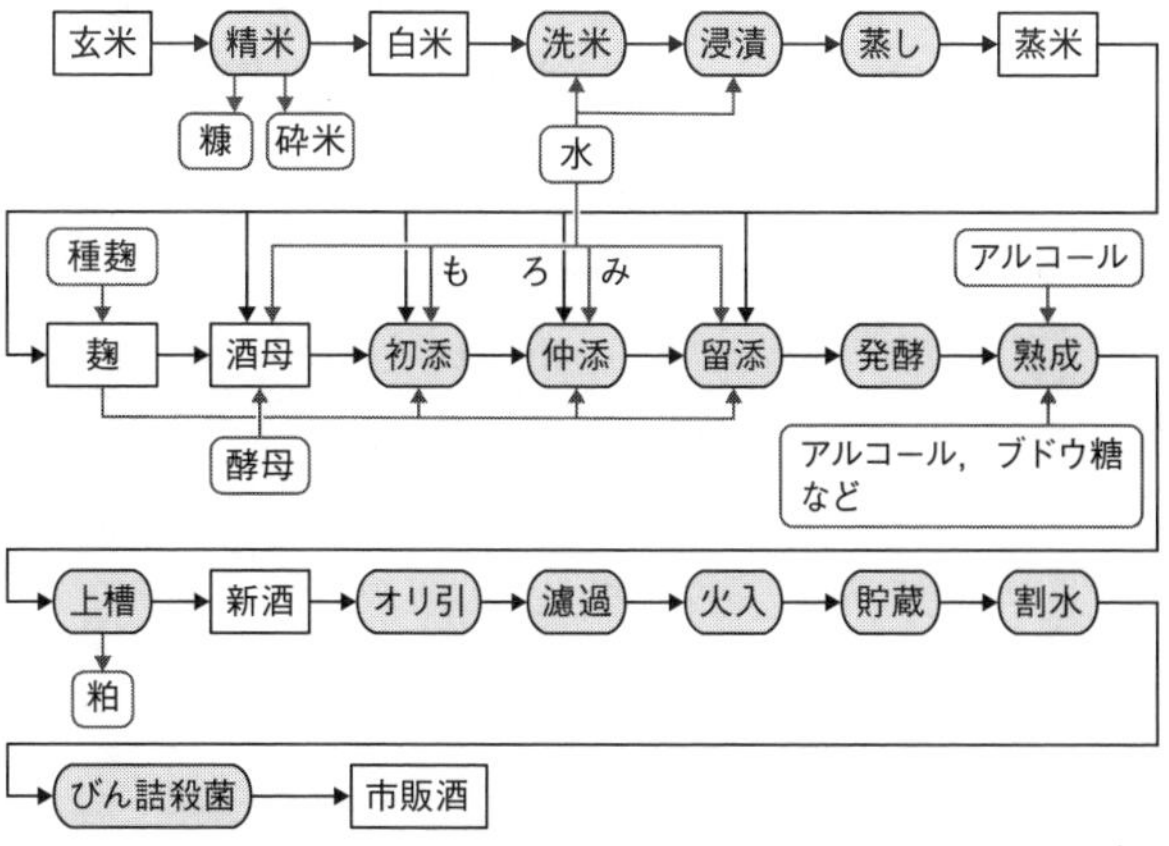

図5·2　清酒の製造工程

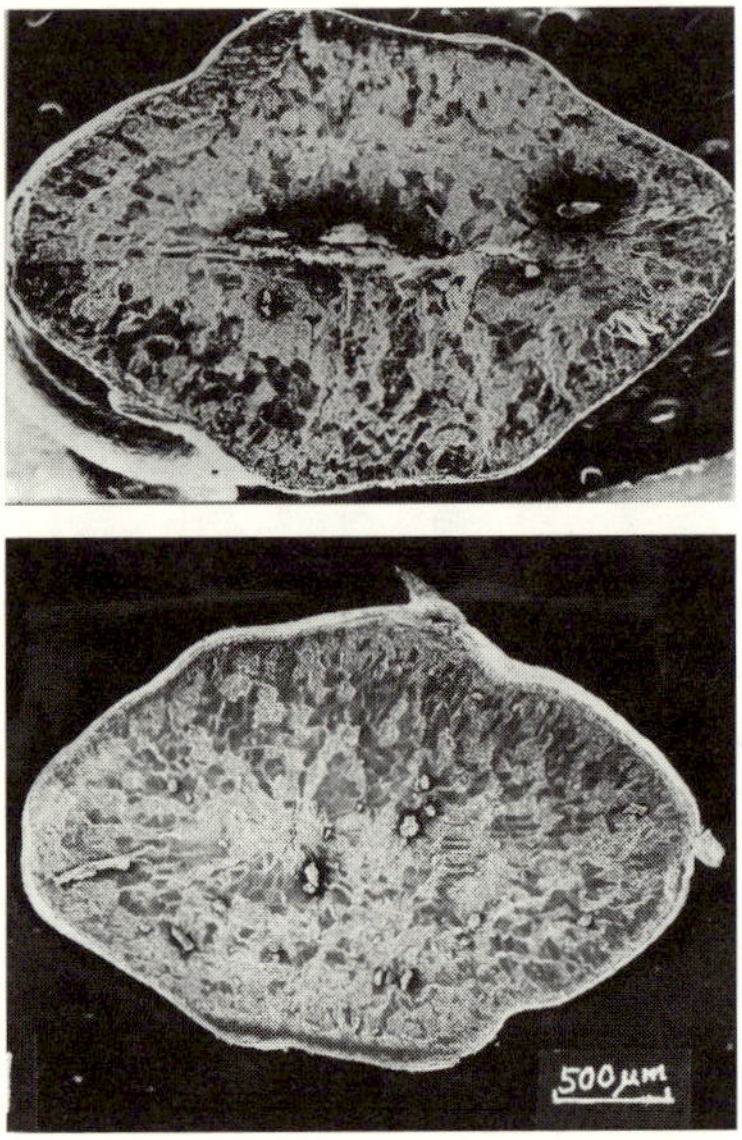

図5･3　上：山田錦の玄米横断面、下：日本晴の玄米横断面

超え、脂質、ミネラルと併せて大過剰で、大幅に除去する必要があります。これらは糊粉層と胚芽に多く存在するので、精米機で米粒外側を削り取って除きます。精米歩合70％で、脂質の大部分、ミネラルの80％、タンパク質の65％ほどが除去できます。

白米は水洗、浸漬、水切り後、甑《こしき》で蒸します。蒸しによりデンプンは糊化し、タンパク質は変性して、共に酵素作用を受けやすくなり、脂質は蒸散、減少します。現在、この工程は機械化されています。

蒸米の一部は温度と湿度をコントロールできる部屋（麹室《こうじむろ》）に移され、床と呼ばれる台上に広げて麹菌の胞子（種麹）を散布し、布で包んで保温しながら麹菌の発芽、増殖を待ちます。約24時間後、麹菌が増殖し、米粒の表面に白い菌叢が適度に散見される程度を確認して、木製の容器に移し、米層の厚さや保温布を調整しながら、麹菌が米粒表層に増殖し、一部は内部に侵入する程度を調節し、アミラーゼやプロテアーゼのバランスの取れた発現を目指します。ほぼ20時間後から搬出します。この工程も機械化され、大量生産が行われています。

酒母には乳酸菌を利用する生酛《きもと》と、米麹、蒸米と水の混合液に乳酸を添加して、最初から酸性下で酵母のみの増殖を図る速醸酒母がありますが、まず生酛《きもと》について説明しましょう。

低温下、平たい桶（一仕込み7～8個）に蒸米、米麹、仕込み水を分け入れ、時々撹拌しながら放置、15～20時間後、櫂で内容をすり潰します。この操作を3回ほど行い、桶の内容をまとめ合わせて、仕込み後36時間前後にすべてを酒母タンクに移します。品温は6～8℃で、蒸米が溶け始め、硝酸還元菌や乳酸菌の増殖が始まっています。以後、時々撹拌して蒸米の溶解糖化を進め、その後、少しずつ温度を上げていきます。硝酸還元菌が亜硝酸を作り、次いで、乳酸菌の増殖と乳酸の生成が進み、雑菌を殺し、ほぼ無菌の状態で清酒酵母の増殖、発酵が進み、酒母ができ上がります。生酛《きもと》の改良型として、最初から酒母タンクに全物量を投入し、定温下で時々撹拌しながら放置し、以後次第に昇温して、最終的に酵母の純粋培養を行う山廃酛があります。その仕込み中の各成分の変化は図5・4に示すようで、後述する速醸酛に比べ、特にアミノ酸や全窒素量が多いのが特徴です。

これらの乳酸菌利用酒母は工程が複雑で、約30日を要しますが、酵母のアルコール耐性など活性が強く、もろみ後半でも発酵がよく進み、深みのある味のすっきりした酒ができやすい特徴があり、近年、再び多くの酒造場で採用されています。

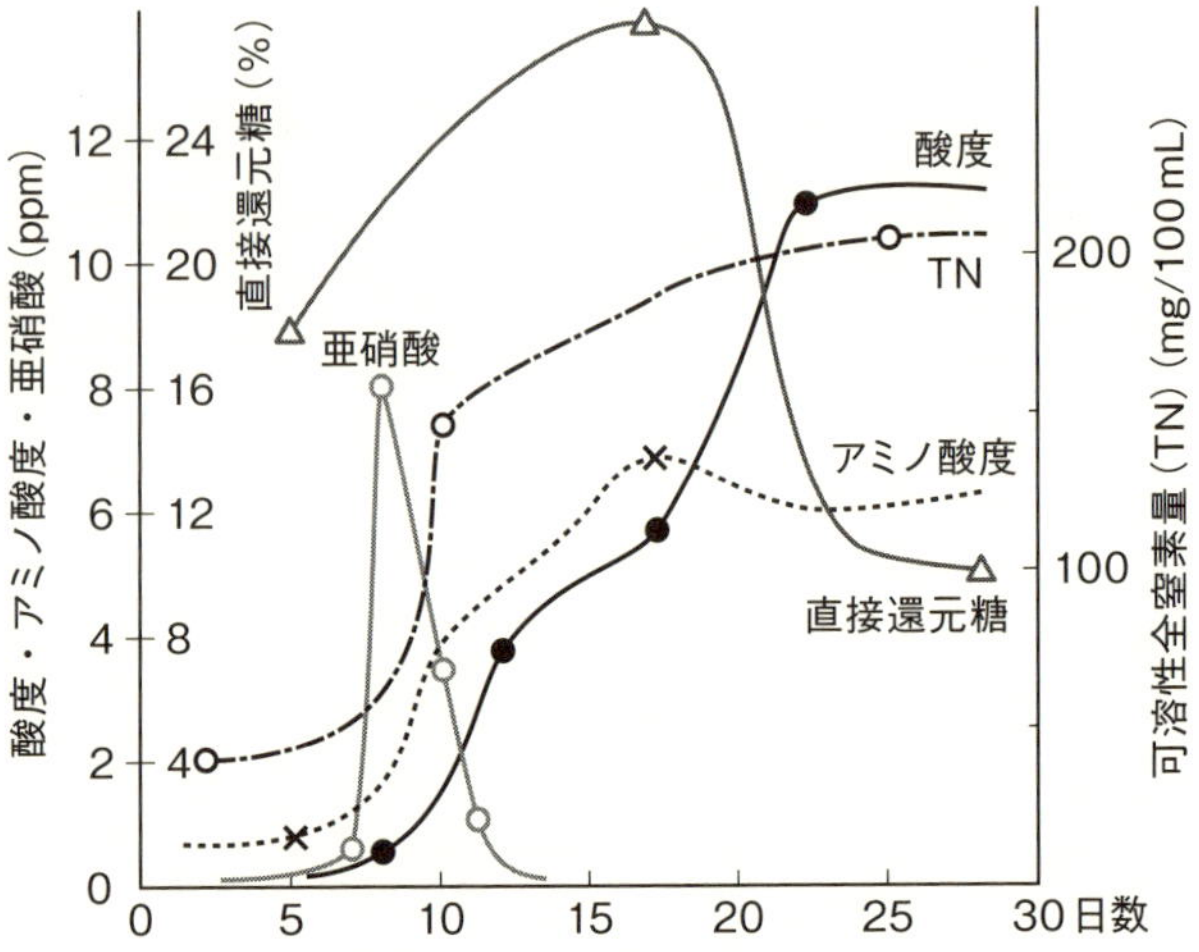

図5·4　山廃酛の成分変化

速醸酛の仕込みは次の通りです。米麹に水と乳酸を加え、培養した酵母を添加します。次に蒸米を加え、18～20℃とし、時々撹拌しながら放置し、3日後頃から徐々に昇温します。タンク内に差し込んだ筒に溜まった液を酒母表面に掛ける操作（汲みかけ）を行うこともあります。蒸米の糖化と酵母の増殖が進み、仕込み後5～6日で表面は泡で覆われるようになります。約2週間で、酵母の増殖が完了し、充分なアルコールや酸を含む酒母が完成します。変形として、仕込み温度を高めて、短期間で酵母の増殖を行う高温糖化酛などもあります。

清酒醸造の特徴の一つは、原料の蒸米や米麹、水を3段階に分けて、次第に量を増やしながらもろみに投入し、もろみを増量することにより、急激な酸など成分の減少を抑えて、雑菌

表5·3　原料仕込配合の一例

	酒母	添	仲	留	四段	合計
総米（kg）	140	280	530	890	160	2,000
蒸米（kg）	95	200	405	720	160	1,580
麹米（kg）	45	80	125	170		420
汲み水（L）	155	250	635	1,260	160	2,460

の汚染を防ぎ、健全な発酵を行う段仕込みです。表５・３に標準的な仕込み配合比を示しますが、酒母用米は総米（全米重量）の７％、麹米はその30％ほど、もろみの第1段（添）はほぼ倍量の14～16％、第2段（仲）は28～30％、第3段は残量で、麹米の全量は20～23％、特筆すべきは汲水量が総米の１２０～１３０％ときわめて少なく、濃厚なもろみとなります。ちなみにビールでは、麦芽１０００kg当たりの汲水量は約４３００Ｌです。

第二の特徴は、米麹、蒸米と仕込み水との固液混合発酵で、ワインの果汁、ビールの麦汁という液体発酵とは異なります。もろみ中で、蒸米や麹米が麹の酵素により糖化され、生じた糖類はただちに酵母により資化されるので、もろみの糖濃度は常に低く保たれ、著量の糖による酵母の増殖、発酵抑止は起こらず、低温もプラスして、長期間発酵が継続し、世界でも類のない20％を超えるアルコール分が生成されるのです。発酵管理は主として温度を調節することにより行われ、初期7～8℃から徐々に昇温、10日前後で最高（10～15℃）となり、以後次第に低下して、20～25日ほどで完了します。吟醸酒では香気成分をもろみ中に増すために、最高温度が10℃ほどで、発酵日数も30日ほどとなります。

発酵終末期に、糖分などの成分を増やすため蒸米を酵素剤で糖化後もろみに添加する（4段かけ）ことやアルコールを加えて、酒質をソフトにすることも行われます。

発酵を終えたもろみは、濾布を張った濾過板を多数並べた濾過機を通して加圧濾過し、清酒と酒粕《かす》に分け（上槽《じょうそう》）、清酒はオリ引き後、加熱殺菌してタンクに貯蔵します。白米1000kgの仕込みで大略、清酒（アルコール15％換算）2400Lと酒粕250kgが得られます。オリ引き後、そのまま生新酒として出荷される酒もありますが、通常は夏を越し、秋以降に再度火入れ殺菌、瓶詰して製品とします。

コラム　立つ鳥あとを濁さず～排水処理

酒造では大量の水が必要です。清酒醸造では、原料重量のほぼ5倍の水が要ります、仕込み水のほかに、装置、器具や瓶の洗浄水、中でも原料米の洗い、浸漬に用いる洗米水は少量ですが、多量の糠《ぬか》などの固形物を含み、BOD（微生物が酸化分解するのに必要な酸素量）が数万ppmと、そのままでは一般に排水処理に用いられる活性汚泥法での処理はできず、その上、操業は主に冬期のみで、排水も冬期のみに排出されます。

少量ではありますが、高BOD、高デンプン濃度など偏った汚濁物質の内容、不定期な排出などは、中小規模の工場排水の特徴で、従来の手法では、費用、必要な土地、過大な施設、人員のいずれを見ても実施はかなり困難です。

この問題の解決を目指して、われわれの開発した方法を述べます。

活性汚泥法を始め、従来の排水処理法では、処理槽内に細菌や原生動物や、ミジンコなどの微小後生動物が混在し、一種の食物連鎖を構成して汚濁質を除いています。一般にＢＯＤ１kgが消費されると0.5kgの菌体が生ずるといわれ、この数値を低くして、余剰汚泥の排出を少なくすることが大切です。そこでは汚濁質の急激な質、量の変化は全体の処理バランスを崩すことになり、異常運転につながります。

われわれはまず酒造排水の主要汚濁質であるデンプンに着目し、酵母コレクションの中からデンプンを資化する能力のある酵母を探し出し、単独でデンプンの消費に用いることとしました。酵母は高いＢＯＤ濃度下でも順調に生育し、デンプンを消費します。しかも他の微生物と異なり、pHが低い環境でも活発に働くので、排水に酸を加えてpHを下げておけば、他の微生物に汚染されることなく、酵母単独の処理が可能です。

実際の処理では、小型の酵母槽に排水を入れ、pHを下げて、通気しながら、ほぼ20時間処理を続け、数時間運転を止めて、酵母菌体を沈降させ、液部を活性汚泥層に送ります。ＢＯＤは70～80％減少しており、容易に活性汚泥処理ができます。ＢＯＤ 0.5～8.0 kg／m^3・日と、ＢＯＤ負荷が高く変動が大きい排水処理が可能で、余剰汚泥がきわめて少ないのが特徴ですが、従来の微生物の混在による管理の困難な方法とは異なり、対象となる排水の内容に適した微生物を選択して、処理する方法の開発の先駆けとして、評価されています。

コラム　酒造の殺し屋〜キラー酵母

清酒の醸造中に発酵が鈍り、アルコールの生産が低下し、質の悪い製品になることがあります。その原因の一つとして、清酒酵母（サッカロミセス・セレビシエ）が同じ属の酵母に殺され、発酵が止まることが明らかになり、キラー酵母と名付けられました。

キラー酵母はもろみ中にキラー因子（熱に不安定な高分子のタンパク質）を菌体外に出し、清酒酵母を殺すことから、これらの清酒酵母を感受性があると呼び、キラー酵母自体は免疫性があります。このほか、キラー因子に免疫性があるがキラー因子をつくらない酵母、細胞壁がキラー因子を通さない耐性株があります。

現在、清酒酵母の中からキラー耐性株が分離されています。

ワイン酵母の中にもキラー酵母が多く見られ、この場合、野生酵母を殺し、健全な発酵を進めることに貢献しています。

6章　蒸留酒

リキュールセット
（エミール・ガレ作）

ショットグラス
（ラリック製）

醸造酒のアルコール分は最も高い清酒でも15％ほどで、アルコール分の多い、より強い酒を飲みたいというのは、昔から多くの飲兵衛《のんべえ》の渇望でした。その上、アルコールは強い殺菌作用を持つので、高アルコール分の酒は腐りにくく、酒造者にとっても好都合なわけです。アルコールの沸点は常圧で78℃ですから、沸点100℃の水との混合液である醸造酒を加熱すると、アルコールを多く含む蒸気が生じ、それを冷却すれば原料の醸造酒よりはるかに高アルコール分の液が得られます。これが蒸留酒で、醸造酒に含まれる糖やアミノ酸など不揮発成分を含まないので、甘味、旨味などを感じることなく、アルコールの刺激的な香味と、蒸留時に生じたフラノンや濃縮されたエステルなどが主体の香味を持つ酒です。

蒸留酒の製造は12世紀には行われていたそうです。当時の蒸留機は、基本的には現在用いられているポットスチルと同じで、釜（銅製が一般的です）に発酵液を入れ、加熱沸騰させて生じた蒸気を、鍋の上部から伸びる管（スワンネック）を通じて冷却管に導き、アルコール分の高い溜液を得ます。

このような方式を単式蒸留といい、たとえばウイスキーの例では、アルコール分7％ほどの発酵麦汁を蒸留して、アルコール分21％ほどの溜液を得、これを再度蒸留して、アルコール分60％ほどに濃縮したファインスピリッツを得、これを樽貯蔵して長年月熟成します。

このようにして得られた蒸留液に含まれる成分の中には不快な香味を示すものも含まれ、そのままただちに製品とすることは難しく、不快な香味を除去し、好ましい香味を引き出すためにさまざまな工夫が凝らされています。主要な3方式を挙げましょう。

（イ）樽熟成

ブランデーの王コニャックは、フランスのコニャック市を中心とするシャラント地方でつくられます。この地方のブドウは酸が多く、生成したワインも上質とは言えず、色々と工夫した末に蒸留したものの、そのままでは飲みにくいものでしたが、樽に詰めて放置し、忘れた頃にとりだしたところ、黄金色の素晴らしい香味の液体に変身していました。17世紀の事です。

ウイスキーやブランデーは、蒸留液をオーク樽に貯蔵します。オークは日本のミズナラに近く、目の詰まった、硬い材質で、耐久性に優れ、ヨーロッパではスペインやフランスに多く、クエルクス・ロブルという学名で、樽材のほかに広い用途があります。溜液の貯蔵中に樽材から溶出する成分が多く、北米に広く産するホワイトオーク（クエルクス・アルバ）とは好対照です。この材は溶出物が少ない代わりに、クエルクスラクトンという成分を溶出し、溜液に特有の甘い香りを与えます。日本ではミズナラが樽材として、少数ですが、用いられています。

溜液の樽貯蔵中に、不快成分は樽材に吸着されるか、酸化などの変化を受けて消失し、樽材の溶出成分が、着色と同時に酒の香味の一部を形成し、アルコールが酸化して酢酸となり、これがイソアミルアルコールと結合して、芳香エステルである酢酸イソアミルを生成するなどさまざまな反応が進行し、蒸留酒の優れた特徴が形成されます。この変化を熟成と呼びますが、必要な時間は、ウイスキーで最低3年間、ブランデーでは7年以上、50年を超えても熟成が進行するといいます。製品は、溶出した樽成分により褐色を呈しており、ブラウンリカーと呼ばれ、市販蒸留酒の主体となっています。

（ロ）精　留

揮発成分はそれぞれ沸点が異なるので、蒸留を繰り返して、不快成分を除き、希望する成分を一部含むほぼ純粋のアルコール液を得ることができます。精留塔を数本重ねて精留する方法と、さらに溜液をシラカンバからつくった炭層で濾過し、不快成分を除き、香味を改善する方法（ウオッカ）があります。後述する焼酎では、蒸留窯内を減圧にして、発酵もろみの沸点を下げ、低温で蒸留することにより、アクロレインやフルフラールなど高温による不快成分の生成を抑え、さらに炭濾過などにより、きれいで、香味の良い製品をつくりだしていますが、精留の変法といえましょう。

焼酎、ウオッカに加えて、ラムの一部やテキーラなど、無色透明な蒸留酒をホワイトリカーと呼びます。

（ハ）香味成分添加

不快な香味の残る蒸留液に、芳香物質などを加えて、不快さを隠し、特有の香味をもたせる方法で、ジンが有名です。

蒸留液にジュニパーベリーやコリアンダーなど芳香植物を浸して再蒸留するか、蒸留機の上部に芳香植物を置いて、立ち上がる蒸気で芳香成分を抽出したのがジンで、ホワイトリカーに含まれます。ジンに糖分を加えたものがトムジンですが、この手法をさらに徹底したものがリキュールです。

リキュールの歴史は古く、世界各地に固有のリキュールがあり、薬酒として用いられてきました。わが国でも屠蘇《とそ》酒など正月に飲まれています。中でも梅酒は、世界トップクラスのリキュールで、等量の焼酎と氷砂糖に梅実を浸漬して、その成分を抽出した、優れた香味のものです。

このように、リキュールの原料はワインやブランデー、焼酎などの酒類、果実、果汁、花蕾、スパイス、蜂蜜、糖類などの混合物で、混成酒と呼ばれます。

表6・1にこれまで述べた酒類をまとめて示します。

蒸留酒の中で、わが国では焼酎とウイスキーが最も消費量が高いので、この両者について、その歴史と製造法の特徴を述べましょう。

①　焼　酎

わが国には15世紀頃、タイから沖縄へ蒸留技術が伝わったとされ、16世紀には全国に焼酎が広

表6·1　酒税法における酒類の定義および分類

酒類（定義―アルコール分1度以上の飲料をいう．（酒税法第2条））

種類（酒税法第3条）	品目（酒税法第4条）	主な製造方法	備考
清酒		*米・米こうじ・水を原料として発酵させてこしたもの *米・米こうじ・水・その他政令で定める物品を原料として発酵させてこしたもの	
合成清酒		*アルコール・しょうちゅう・ぶどう糖等を原料として製造した酒類で清酒に類似するもの	
しょうちゅう	しょうちゅう甲類	*アルコール含有物を連続式蒸留機で蒸留したものでアルコール分 36 度未満のもの	
	しょうちゅう乙類	*アルコール含有物を上記以外の蒸留機で蒸留したものでアルコール分 45 度以下のもの	
みりん		*米・米こうじにしょうちゅう又はアルコール・その他政令で定める物品を加えてこしたもの	
ビール		*麦芽・ホップ・水を原料として発酵させたもの	
果実酒類	果実酒	*果実を原料として発酵させたもの	(例) ぶどう酒，りんご酒
	甘味果実酒	*果実酒に糖類・ブランデー等を混和したもの	
ウイスキー類	ウイスキー	*発芽させた穀類・水を原料として糖化させて発酵させたアルコール含有物を蒸留したもの	
	ブランデー	*果実・水を原料として発酵させたアルコール含有物を蒸留したもの	
スピリッツ類	スピリッツ	*清酒からウイスキー類までのいずれにも該当しない酒類でエキス分が 2 度未満のもの	(例) ジン，ウォッカ，ラム
	原料用アルコール	*アルコール含有物を蒸留したものでアルコール分が 45 度を超えるもの	
リキュール類		*酒類と糖類等を原料とした酒類でエキス分が 2 度以上のもの	(例) ペパーミント，キュラソー
雑酒	発泡酒	*麦芽又は麦を原料の一部とした酒類で発泡性を有するもの	
	粉末酒	*溶解してアルコール分 1 度以上の飲料とすることができる粉末状のもの	
	その他の雑酒	*清酒から粉末酒までのいずれにも該当しない酒類	

まったといわれます。

焼酎には前述の連続式蒸留機を用いて、糖蜜や甘藷（サツマイモ）などを原料とした発酵もろみを精留して得た約95％のアルコール液を希釈した甲類焼酎と、米、麦、甘藷などを原料として発酵したもろみをポットスチル（単式蒸留機）で蒸留した乙類焼酎（本格焼酎）があり、いずれも市販品の多くはアルコール分25％です。本格焼酎の製造について述べましょう。

本格焼酎製造工程は図6・1に示すように、麹には主に

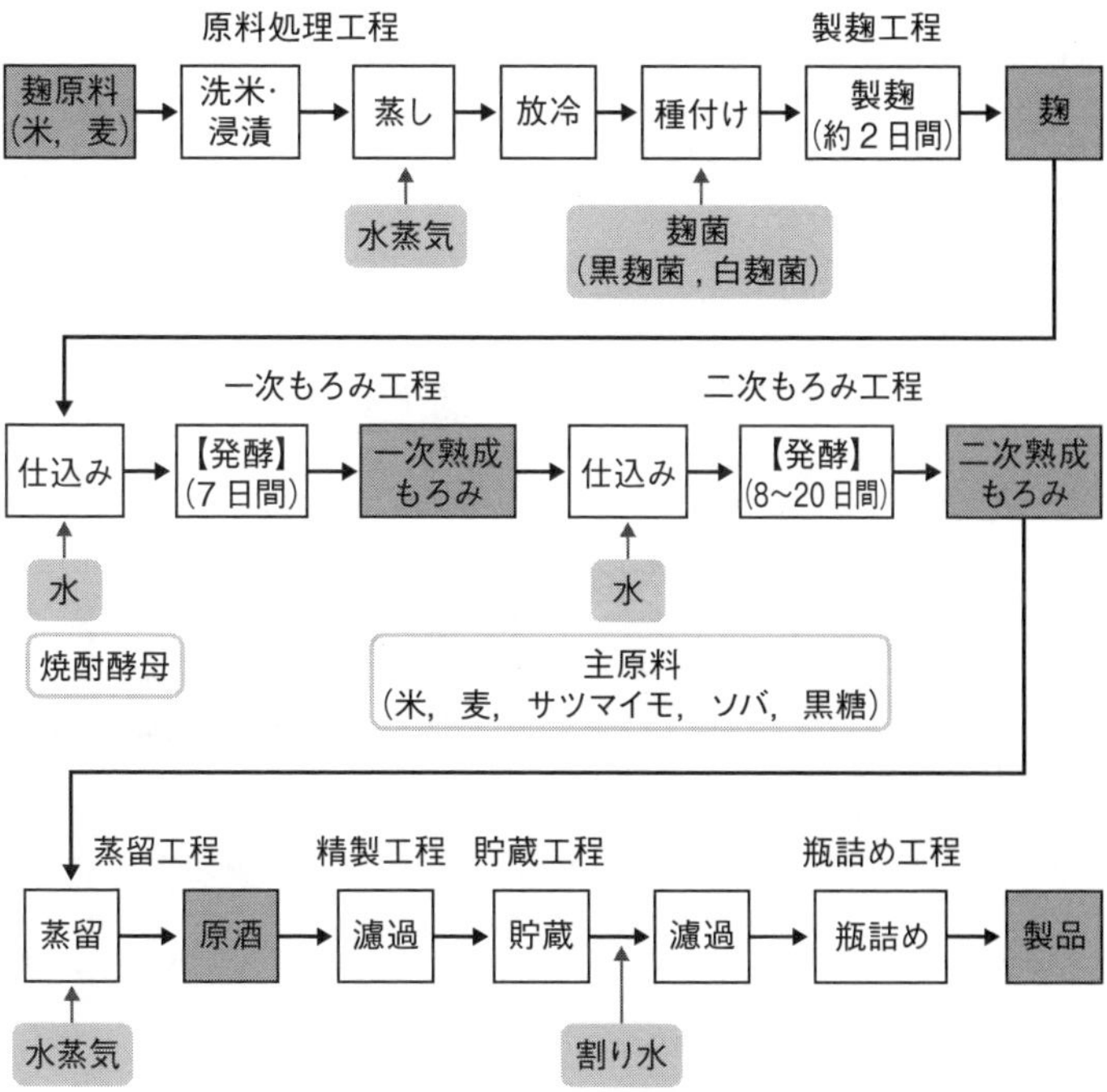

図6·1　焼酎の製造工程

精米歩合90％ほどの白米が使用されますが、沖縄の泡盛には例外的に長粒のタイ米が用いられます。麦焼酎では米に代わり、麦の麹が多く用いられます。蒸米や蒸大麦に白麹菌または黒麹菌の胞子をふりかけ、37℃で麹菌の増殖と酵素の生産を図ります。約20時間後、品温を35℃以下に下げてクエン酸を生産させ、約2日間で製麹を終了します。

麹と水を混合し、酵母を接種して、約7日間かけて酵母の増殖、発酵を行い、一次もろみとします。これに米や麦、甘藷、黒糖などの主原料と水を加え、仕込み温度25℃、最高温度33℃以下で、二次もろみ発酵を行わせます。発酵期間は主原料により異なり、甘藷で9日、アルコール分13％、穀類で9～20日、アルコール分17～18％となります。泡盛だけは原料米をすべて麹にし、水と酵母を加え、一次発酵のみです。

単式常圧蒸留機の構造は、後述するウイスキーのポットスチルとほぼ同様で、釜内のもろみに蒸気を吹き込み、加熱沸騰させ、立ち上がる蒸気を冷却機に導き、水冷して蒸留液を得ます。前述のように、釜内を減圧し、もろみを低温で沸騰させる減圧蒸留も広く行われています。もろみの加熱による焦げ臭成分が少なく、高沸点成分も少なくなり、酒質が軽くなります。

蒸留液は静置した後、炭層を通すなど濾過し、表面に浮いた油分などを除く精製をします。場合によっては、イオン交換樹脂塔を通して酸やアルデヒドなどを除き、より軽快な酒質とし、瓶詰、出荷されますが、一部の高級品はさらに長年月貯蔵熟成して、酒質の向上を図ります。

②　ウイスキー

ウイスキーに関する最も古い記述は1194年で、麦芽からアクアヴィテ（生命の水）がつくられたことが記されていますが、恐らく11～12世紀頃に、アイルランドでエールの蒸留が始まり、その後スコットランドに伝わったと考えられています。

ウイスキーの名前が登場するのは18世紀になってからで、17世紀に初めて課税され、18世紀、スコットランドがイングランドと統合され、使用する麦芽に課税されるようになると、小規模蒸留所では、反イングランド感情も加わって密造が多くなり、麦芽の乾燥に泥炭を使用し、スモーキーフレーバーの強い香りがスコッチモルト・ウイスキーの特徴となりました。

一方、大規模業者は麦芽の使用量を減らし、コーンなどを用いるグレイン・ウイスキーを製造し、19世紀に開発された2塔式の連続蒸留機を用いて、香味の滑らかな製品を安価で供給するようになり、さらにモルト・ウイスキーとグレイン・ウイスキーをブレンドしたブレンデッド・ウイスキーが出現して、誰にでも好まれる軽快で滑らかな酒質で、世界に広まり、現在、世界で約50の国がウイスキーを生産しています。なお、樽熟成工程が本格的に取り入れられたのは19世紀以降です。

北米へもたらされた蒸留技術は始めはラムの生産に用いられましたが、次第にライ麦やコーンを原料とするようになり、現在のライ・ウイスキー、バーボン・ウイスキーが誕生しました。

日本でウイスキーの輸入が始まったのが1871年で、1923年に京都の山崎に初のウイスキー蒸留所が建設され、特に1950年以降の発展は目覚ましく、豊潤で香味の豊かなスコッチタイプ・ウイスキーとして、ジャパニーズ・ウイスキーは、スコッチ・ウイスキー、アイリッシュ・ウイスキー、バーボン・ウイスキー、カナディアン・ウイスキーと並んで、世界の5タイプの一角を占めています。

スコッチ・ウイスキーはスコットランドで生産され、スモーキーフレーバーの強い麦芽を糖化、発酵して、蒸留を二度繰り返し、樽で熟成させたシングルモルト・ウイスキーと、コーンなどを主原料として、連続蒸留機で蒸留したグレイン・ウイスキーをモルト・ウイスキーに混ぜたブレンデッド・ウイスキーがあります。力強く、フルーティー、クリーミーな酒質です。

ジャパニーズ・ウイスキーの特徴は水割りしても香味のバランスが崩れないことで、ハイボールや水割りなどで楽しまれています。最近、国際コンクールで、優勝したり、上位を占めるなど、その品質は世界に認められています。

アイリッシュ・ウイスキーは、スモーキーフレーバーのない麦芽のほかに大麦も用い、ポットスチルで三回蒸留を繰り返すポットスチル・ウイスキーとグレイン・ウイスキーのブレンドが多く、穀物の香味の強いウイスキーです。

バーボン・ウイスキーは、少量の麦芽でコーンを糖化、もろみを連続蒸留機で蒸留し、内面を

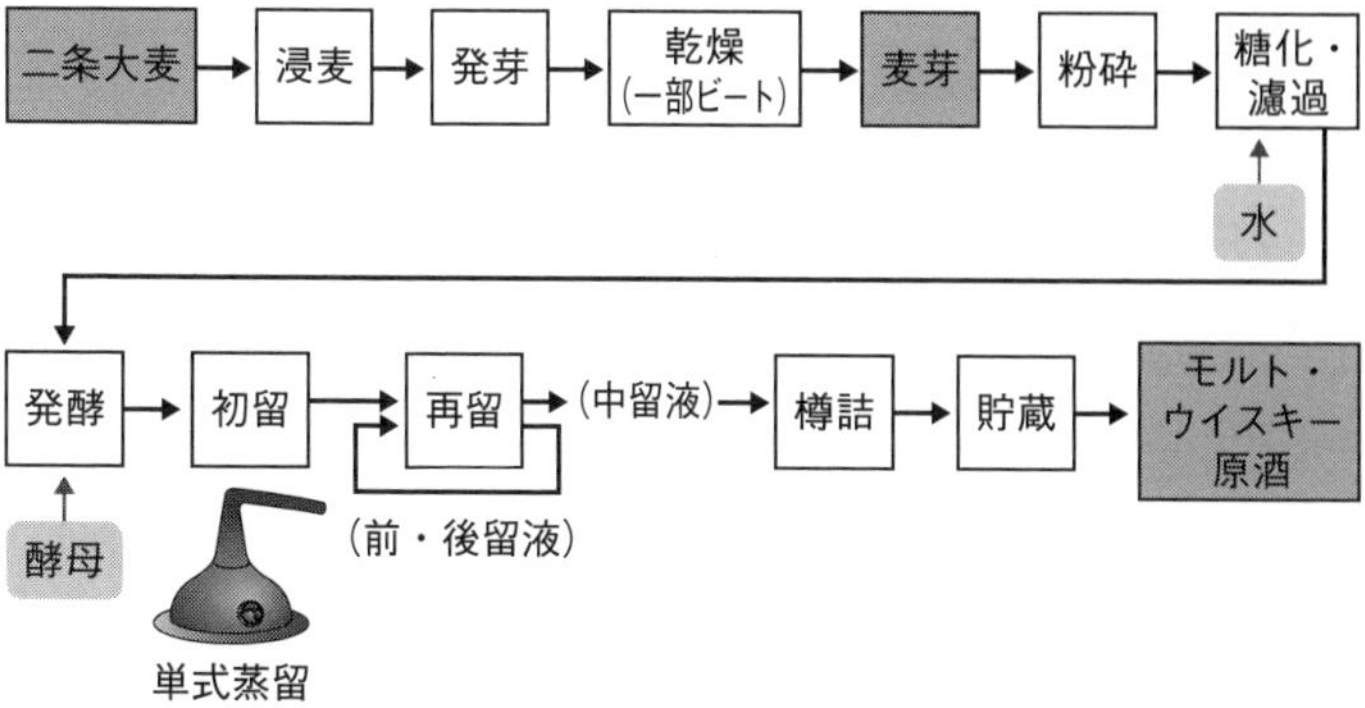

図6·2　モルト・ウイスキーの製造工程

深く焼いた新樽に貯蔵、熟成します。樽の香りが強く、華やかな香味が特徴です。

カナディアン・ウイスキーは、麦芽でライ麦を糖化、発酵したもろみを連続式蒸留機で蒸留したフレーバリングとコーン原料のベースとのブレンドで、軽快な香味が特徴です。

わが国のモルト・ウイスキーの製造工程（図6・2）は以下のようです。

粉砕麦芽に水を加えて次第に温度を上げながら、デンプンの糖化、タンパク質の分解などを行い、糖化液を濾過して、糖分約13％の麦汁を得ます。マルトースが主体です。麦汁に酵母を接種し、25～35℃で約50～60時間発酵が続き、約7％のアルコールが生じますが、後半はさまざまな乳酸菌が次々と増殖し、乳酸や、ウイスキーに深い香味を与える成分をつくります。発酵もろみは銅製の初留釜で蒸留し、アルコール分約20％の初留液を再留釜で蒸留し、前留と後留は除き、中留部（アルコール分62～68％）を所定のアルコール分になるよう希釈した後、樽に貯蔵、熟成します。蒸留中、糖分や窒素成分の反応によりカルボニル化合物が生成され、釜の銅と反応して、不快成分である硫黄化合物が除去され、高級脂肪酸やエステルの流出が促進されるなど、さまざまな反応が起こり、ウイスキーの香味が形成されます。

樽貯蔵中、主としてリグニンなど樽材成分の溶出、分解によるバニリンの生成や、クエルクスラクトン、オイゲノールなどがウイスキーの香味に大きく貢献し、ウイスキーは黄金色を呈します。

熟成を終えたウイスキーは、熟成年、樽の種類、製造法などさまざまなもの同士を調合し（バッティング）、シングルモルト・ウイスキーが製品化されます。さらにグレイン・ウイスキーを調合し（ブレンディング）、ブレンデッド・ウイスキーとなります。

コラム　ジンと政治

ジンはジュニパーベリーの香が特徴の爽快な香味の蒸留酒です。17世紀半ばにオランダの医学部教授シルビウスが創出し、薬局で売られていました。穀類原料の酒をポットスチルで蒸留を繰り返してアルコール分を高め、これにジュニパーベリーやコリアンダー、シナモン、レモンピールなどを加えて蒸留し、これらの香気成分を抽出したもので、現在でもジュネバと呼ばれています。

1689年オランダから英国王に迎えられたウィリアム3世は、当時大量に輸入され、国費を費やしていたフランス産のワインやブランデーの量を抑える目的で、これらの関税を引き上げ、ジンの生産を奨励したのです。ジンは過酷な労働にあえぐ労働者階級に急速に普及し、その強烈な刺激が好まれて、多数の泥酔者と死者まで出る始末で、賃金もジンで支払われました。困った政府はさまざまな抑制策を取りましたが、その弊害が下火になるには70年ほどを要しました。

ジンの強烈な辛さを和らげる目的で、砂糖を加える方法が考案され、トムジンと呼ばれています。

現在多くの国でジンが生産されていますが、穀類原料の精留したアルコール（一部糖蜜原料のものもあります）でジュニパーベリー主体の香料植物の香気成分を抽出したもので、オランダのジュネバとはかなり異なります。

19世紀にビターズを加えたジンが生まれ、以来、さまざまなリキュールやフルーツを加えたジンベースのカクテルが流行し、今日でもジンフィズやジントニックなどバーの定番メニューです。

コラム　禁酒法の時代

酒と政治に関する話題をもう一つ挙げましょう。有名なアメリカの禁酒法です。

アメリカの禁酒運動の歴史は19世紀初めに遡ります。１８２６年、厳格な倫理観を持つピューリタンの伝統が豊かなボストンで禁酒を訴える組織が設立され、急速な広がりを見せました。禁酒運動には女性も参加するなどさまざまな改革運動と結びついていたのですが、一方では多くの人々の飲酒習慣や欲求に反し、国全体を動かすには至らなかったのです。禁酒を決めた地域でも、日曜日に酒場を開くのを禁止したり、深夜の酒の販売を禁止する程度の不徹底なものでした。

20世紀初頭のアメリカでは社会改革の機運が大いに高まり、第一次世界大戦参戦による愛国心と道徳心の高まりに乗り、禁酒運動は著しく力を得て、禁酒法の制定を目指すようになりました。アメリカの醸造業者に、敵国となったドイツ系のアメリカ人が多かったのも理由の一つに挙げられます。このような異常な状態で、１９２０年合衆国憲法を修正して禁酒条項が発効し、アメリカは禁酒時代に入りました。

ただし、その内容はきわめて不徹底なもので、酒の製造、運輸、販売をするものは罰せられますが、それを購入し、飲酒するものはお咎《とが》めなしでした。禁酒の成果は国民の自発的な協力によるしかないのですが、戦争の終結と共に、１９２０年には愛国心や倫理観も衰えを見せ、平和と自由を楽しむ機運が高まり、禁酒法の土台が崩れていたのです。酒の密輸、密造が横行し、潜り酒場が増え、酒場の数は禁酒法以前の2倍になり、酒の消費量もかえって増加しました。

このような状態はギャングにとっては好都合で、酒の密造、密売組織を抑え、勢力拡張のための血生臭い争いが続きました。シカゴのアルカポネなどのギャング同士、取締官との争いは有名ですが、当時のシカゴのギャングの平均寿命は28歳でした。

このように禁酒法が形骸化し、弊害が明らかになりつつあるなか、１９２９年に勃発した経済大恐慌がその幕引きを果たします。景気が悪化し、失業者があふれているのに、醸造業という有力な産業部門を閉鎖したままでよいのか、酒を待ち望んでいる人々に供給し、酒税を徴収して、国家財政を潤すことが急務との考えが強くなり、１９３３年、禁酒法は廃止されました。

禁酒法時代は、アメリカの改革者魂や強い宗教的倫理観、十字軍的道徳観や合理主義や個人主義などが入り混じって社会を動かしていく様子が興味深く見られます。

コラム　ウイスキーのつまみ

あぶったたたみいわしに熱燗の酒、思わずのどが鳴ります。ミュンヘンのオクトーバーフェストの、ビールと熱いヴァイスヴルストを懐かしく思い出される方もおられましょう。それではスコッチウイスキーのつまみはと問われて、答えに窮します。いろいろ調べた結論は、海外のウイスキーにはつまみはありませんでした。西部劇で、カウボーイハットの男がバーのスイングドアを開けて、カウンターに立つと、バーテンがショットグラスにバーボン・ウイスキーを注ぐ。男は一息に飲み干して出ていく。あれです。元来、ウイスキーはストレートで供されました。水が必要ならスコッチ・アンド・ウオーターで、水はいわゆるチェイサーです。水割りは日本の大発明なのです。ストレートではジャパニーズ・ウイスキーはスコッチやバーボンの強烈な個性に敵いませんが、そのバランスの取れた穏やかで、豊かな香味は、加水しても崩れません。ハイボールにしても同様で、ウイスキーの楽しみ方を広げ、消費層を大いに拡大し、ジャパニーズ・ウイスキーという新たなカテゴリーを世界に認知させるのに大きく貢献したのです。もちろん、チョコレートや多くのスナックをつまみにして。

7章　ワイン、ビール、清酒の香味を比較する

これまでに世界で最も消費されているワインとビール、日本固有の酒、清酒の歴史や醸造について述べました。この三者は日本で最も消費されている醸造酒ですが、その香味はかなり異なり、飲用の形態も異なっています。それにつれて酒質の評価、表現もそれぞれ特徴があります。

ワイン、ビール、清酒の主要な成分組成を表5・2に示しましたが、ワインは酒石酸やクエン酸、乳酸、リンゴ酸などを多く含み、酸度はビールや清酒の5～8倍に達します。対照的にアミノ酸などの窒素化合物は少なく、清酒の5分の1程度です。アルコール分は12%ほどのものが多く、ビールの2倍を超えます。糖分はグルコースとフラクトースですが、ほとんど含まない辛口から、貴腐ワインのように20%近いものまであります。表には示されていませんが、アントシアン色素やタンニンなどポリフェノール成分が多く、多彩な色や渋味が特徴的です。原料であるブドウはさまざまな色と品種固有の豊かで個性的な香りを持ち、ワイン中にも移行して、それぞれのワインを特徴付けています。

多くのエステルやゲラニオール（バラ様香）、リナロール（鈴蘭様香）、ダマセノン、βイオノンなどはブドウ全般に認められますが、ソーヴィニヨン・ブランの4-メルカプト-4-ヒドロキシペンタン-2-オンや、リースリングの1,1,1-トリメチル-1,2-デヒドロナフタレン、カベルネ・ソーヴィニヨンの2-メトキシ-3-イソブチルピラジンなどは品種固有で、アメリカ系ブドウ、ヴィチス・ラブラスカのアンスラニル酸メチルと共に、その特徴香に大きく貢献しています。

ワイン特有の渋味は含まれる縮合タンニンによるところが大きく、カテキン、エピカテキン、エピガロカテキン（ＥＧＣ）、エピカテキンガレート（ＥＣＧ）が認められます。果皮にはＥＧＣが多く、柔らかな渋味になりますが、種子はＥＣＧが多く、粗い渋味が強くなります。発酵中、ＥＧＣは早期に果皮から溶出しますが、種子からはＥＣＧが徐々に溶出するので、発酵期間は渋味の質に大きく影響します。

アントシアン色素はシアニジン、デルフィニジン、マルビジンにグルコースが結合した配糖体で、それぞれ色調が異なり、ワインの色を多彩にしています。

貯蔵、熟成中に色素は徐々に酸化して褐色が強くなり、一部は不溶化して沈降します。フルフラールなどフラノンが増加し、樽貯蔵では、樽材から３-メチルオクタラクトンやオイゲノール、バニリンが溶出してワインの香味を丸く、奥深いものにします。発酵したワインの香味をアロマ、熟成後のそれをブケといって区別することもありますが、ワインの香味、色沢はますます多彩なものになるわけです。

17世紀にシャンパンが発明され、それ以降、発泡性ワインの製造は世界各地に広まりました。ガス圧はさまざまで、ビールより高いものも多くありますが、ビールと異なり、泡が液面を覆うことはありません。発泡はかなりの時間続きますが、その機作や関与する成分はいまだ明らかかではありません。

市販ビールの大半を占めるピルゼンタイプビールのアルコール分はほぼ5％で、糖分が主体のエキスが約3％、酸度は清酒とほぼ同様で1・5、窒素成分は500〜800ppmと、製品による大きな相違はありません。香味に大きく貢献しているのは炭酸ガスと麦芽由来のエキス分、ホップの香りと苦味です。

ビール中には炭酸ガスが過飽和に溶解しています。その量は約5g／Lにもなり、常温では2・5気圧以上の圧力で、耐圧瓶を用いないと破裂の怖れがあります。ビール瓶の王冠を外すと勢いよく泡が噴出し、周囲を慌てさせますが、ビールジョッキ中でビール表面を覆う白く細かい泡は、麦芽由来の起泡タンパク質とイソフムロンなどがつくる膜内に炭酸ガスを閉じ込めたもので、壊れにくく、ビールを外気と遮断して、酸化を防ぎ、香気成分の飛散を抑えるほか、余分なイソフムロンなどの苦味質やタンニン、脂質などを吸着して、ビールの味を滑らかにするなどさまざまな働きをしています。泡が消失すると、これらの成分はビール中に戻り、味を落とす一因となっているのです。麦芽使用量が少ない発泡酒や使用しない第3のビールでは、起泡成分が少ないので、泡を保つためのさまざまな工夫がこらされています。

イソフムロンはビール固有の苦味の主成分です。麦芽由来のエキス分（主にマルトースやオリゴ糖やペプチドなど）とイソフムロンが適度に含まれているとビールにキレを与えます。コクのあるビールはこれらが比較的多く、すっきりしたタイプは少ないので、イソフムロン濃度（ｐｐｍ）を苦味価といい、ビールのタイプを示す指標とされています。苦味価はドイツ産ビールでは30～50と高く、国産ビールは10～25ほどですが、最近は10以下のものも多く、端麗なビールへの嗜好が見られます。

麦芽由来の甘い香りと並んで、ビールの香りに大きく貢献するホップの香気成分としてフムラディエノン、フムレンエポキシド、リナロールなどが挙げられますが、明らかにされていないことが多く、清酒の香気と同様にこれからの研究課題です。

清酒はアルコール分が15％前後のものが多く、ビールの3倍になります。糖分は2～5％とビールとほぼ同じで、酸度も同様ですが、窒素化合物が窒素換算で８００～１５００ｐｐｍと、ビールの倍、ワインの5～8倍にもなります。その主体はアミノ酸とペプチドで、グルタミン酸やアスパラギン酸、アラニンなどを除いて、多くが苦味を呈し、清酒の味に大きく影響します。酸が少ないわりに糖が多いので、多くの清酒は甘く、重い味を示します。吟醸酒など、端麗な味の酒は一般に窒素成分が少なく、適度な糖、酸を含み、窒素成分が多くなるにつれ濃厚な味になり、過剰になると雑味を感じるようになります。このような味のバランスに大きく貢献しているのが多量に含まれるアルコールで、味の刺激を穏やかに纏《まと》めています。清酒に加水して、アルコール濃度を低くすると、味がバラバラになることからもアルコールの働きがわかります。

香りも大きな特徴がなく、ビールと同様、未知の分野が広いのですが、吟醸酒だけは、多く含まれる酢酸イソアミルとカプロン酸エチルの貢献が大きく、リンゴやバナナ様の果実香が、端麗な味と併せて明確な香味で、愛飲されています。

この二つのエステルは酵母により生成され、特に生成能の強い酵母菌株が育種されていますが、他の酒にも共通に認められる成分で、香りを支える働きをしています。清酒では個性的な香りがなく、このエステルが主役を務めているわけです。このように、清酒の香味の幅は狭く、産地や醸造法の明確な特徴を示すことが難しく、酔いが強調される一因ともなっています。

以上述べたことを表7・1にまとめました。ワインには多様な酒質、地酒としての明らかな産地特性がありましたが、流通手段が発達し、各地のワインが入手できるようになると、それらを比較するようになり、統一した方法によりワインを比較し、タイプの識別、香味特性評価を明確なものにするようになります。また、ワインは古くから食卓酒として料理に組み込まれてきたこともあり、特にフランス、イタリアを中心に、料理との相性が検討され、酒質や相性を語ることが食卓を囲む人々の重要なコミュニケーションの一助となり、ワイン文化の一角を占めています。

このようにワインの酒質評価、特に高品質ワインの産地特性と品質評価は古くから重要な課題で、18世紀にはイタリアのキャンティの産地規制が行われました。1935年に生まれたフランスの原産地統制呼称制度は優れた制度で、以後ヨーロッパ各地で制定された規制の基本となりま

表7·1　ワイン、ビール、清酒の香味評価の相違の要因

演　題	原料、製造法	飲酒形態
ワイン	ブドウ、色、香味強く多彩、産地、気候により大きく変化、製造法多様、白赤醸造、熟成、ガス溶解、アルコール添加により酒質大きく変化。	地酒、産地特性大、運輸手段の進歩と共に広がる＝タイプの明確化。 基本的に食卓酒（食事に組み込まれる＝相性に注目）。 酒宴、コミュニケーションの媒体、高品質ワインの評価（評価基準、方法の確立）。 ワイン品質の上下大、AOC：消費者への品質保証、生産者保護。 評価用語多く、細かい。
ビール	穀類、特徴的香味乏しい、麦芽、焙焼法（色麦芽）、副原料の有無、糖化法、ホップ種類、使用法、発酵方法で酒質変化。	製造法大きく進歩、一定品質大量生産、輸送方式、地酒の減少。 水に近い利用、TPO広い、大量摂取＝微妙な香味特性を指摘する場が少ない。 香味表現に乏しい。
清　酒	高度精白米、香味特性小、乳酸菌使用、酵母、発酵温度、アルコール添加量でわずかに酒質変化（吟醸酒、長期熟成酒）。	酔い重視（高いアルコール％）、献杯（共に酔う）、食卓酒（料理の脇役）。 酒質均一化進む。 香味への関心低い。

した。現在、ＥＵのワイン法（緩やかな規制です）の下に、各国に独自のワイン法がありますが、面白いことに、フランス、イタリア、スペインなどラテン系の国では産地を重視するのに対し、ドイツやオーストリアなどゲルマン系国家では、成分分析など品質を重視する傾向にあります。民族の違いが現れているのでしょうか。フランスとドイツのワイン法を例にとって説明してみましょう。

フランスのワイン法では、ワインは最も高品質なＡＯＣ（原産地統制呼称）ワイン、ＶＤＱＳ（原産地名称上質限定）ワイン、一般

のヴァンドターブルに分類されます。ＡＯＣワインは地方、地区、村、畑と産地が特定され、それぞれ原料ブドウとその収量、製造法、分析項目や製品の品質まで規制されています。これらはＶＤＱＳワインと共に全国原産地名称協会（ＩＮＡＯ）によって管理されます。たとえばボルドーのメドックワインでは、ＡＯＣワインをさらに醸造場別に5等級に格付けしており、グラーブ、ソーテルン、サンテミヨンもそれぞれ格付けがあります。その上、高品質なワインが生産されたビンテージイヤーがありますから、ワインの選択にはかなりの知識が必要となります。

ドイツのワイン法では、品質上位から順にクバルテーツワイン、ターフェルワイン、ラントワインに分け、クバルテーツワインについてはブドウの使用、製造法により、カビネット、シュペートレーゼ、アウスレーゼ、ベーレンアウスレーゼ、アイスワイン、トロッケンベーレンアウスレーゼ（貴腐ワイン）に分けられます。製品の成分、品質もチェックされ、合格した製品のラベルには政府の認証番号が記されています。

対照的に少品種大量生産が主体となったビールは、銘柄間の似通った酒質特性や多量の炭酸ガスを含み、強調される爽快感と低アルコール分が特徴で、清涼飲料に近い飲み方をされます。清酒のように小さな猪口《ちょこ》で燗《かん》酒を口に運ぶのとは対照的に、大容量のジョッキで、良く冷えたビールを流し込み、のどごしを楽しむのはビール特有でしょう。ワインや清酒のように、香味の微妙な相違は指摘し難く、具体的な香味表現が乏しいことになりますが、最近の地ビールの普及や外国産ビール銘柄の増加、大手メーカーの製品の多様化もあり、ビールの微妙な香味の違いを楽しむ愛用者が増加しているようです。

清酒は昔から心地よい酔いが強調されてきました。わが国の飲酒事情が初めて記された3世紀の『中国魏志倭人伝』には「始め死するや停喪十余日、時に辺りて肉を食はず、喪主は哭泣し、他人は就きて歌舞飲酒す」、「人の性、酒を嗜《たしな》む」とあまり嬉しくない記述があります。もちろん、酒は神の賜り物で、前に述べたように集団飲酒は神聖な儀式であったのですが。次のような戯言があります。

酒質の劣る酒を「むらさめ」といいました。庄屋さんで嫁取りなど祝宴があると、村人一同が列席します。亭主は客が飲めなくなるまで、いくらでも酒を供しなければケチとそしられます。客は義理にでも大酒を飲まねばなりません。宴が果てて、一同の帰途、村境辺りで酔いが醒めてしまうのが「むらさめ」で、安酒の代名詞です。当時の酒は快い酔いが長く続くのが大切でした。しかし、時代は変わって、現在では一杯飲んで、居酒屋の暖簾をくぐって外へ出たら酔いが醒める酒が求められます。車社会に代表される現代の飲酒は大きく変化しています。

20世紀に清酒醸造技術は大きく進歩しました。優れた性能の精米機が開発され、高度な精米が可能になり、麹菌や酵母の育種や酒造の機作の研究が進み、吟醸酒のような香りの高い端麗な酒質の酒が生産されるようになりました。第二次世界大戦中と戦後、原料米不足の中で、大量に酒を生産するため、アルコールを大量に添加する増醸が盛んになり、品質の均一化を促進したこともあり、清酒銘柄間の品質、香味特性の相違は小さく、微妙な香味の差を評価することが求められています。

このように、清酒の高いアルコール濃度、突出した香味の特徴がなく、穏やかな香味に加えて、酔いを重視する飲酒の状況、食中酒としては後述するように、料理の味を引き立てる脇役としての働きからも予想されるように、清酒の香味への関心はあまり高くありません。「うまい酒だな。コクがある。」で評価は終わり、香味の細かい特徴を表現する言葉も少ないのです。けれども清酒をよく味わってみると、その香味が繊細で、口中で微妙に変化することに気付かれることでしょう。表現は難しいですが、香味の奥行きはきわめて深いものがあります。

ワイン、ビール、清酒の香味評価用語を比較したのが表7・2です。

ワインを口に含むと原料ブドウ品種の香りを含む芳香が口、鼻に広がり、少しずつ変化していきます。同時にまず酸味、次いで甘味、渋みの順に味が現れ、のどを通過した後も香味（後味）が持続します。刺激を感じている時間はかなり長く、9秒ほど、時には10秒を超えるものもあります。

香の表現は表に示すように具体的で、菫《すみれ》などの花やオレンジ、カシスなど果実、アーモンドなど種子、蜂蜜、シナモン、バニラや干し草やタバコなど、他にヨードやリナロールなど化合物も

表7·2　ワイン、ビール、清酒の香味評価の比較

ワイン	ビール	清酒
香り成分多数、多彩、ブドウ（多彩）由来、熟成由来、明確な特徴、多酸、少窒素成分、ポリフェノール（色素）多彩、多量、口中の刺激時間長い（9～12秒）。 香味表現具体例（モノで表現）：すみれ様、ムクス、バニラ、アーモンド、オレンジ、干し草、蜂蜜、杏、ヨード、リナロール、シナモン、甘い、辛い、苦い、渋味、酸い、痩せている、コク、端麗、軽快、濃醇、豊か、繊細さ、優雅、新鮮、若い、熟成、しっかり、力強い、なめらか、アロマ、ブケ 果実香味＝原料ブドウの香味＋エステル、アルコール類。 糖濃度による分類：ドライ（＜4g/L）、セミドライ（4～12）、セミスイート（12～50）、スイート（50＜）。	イソフムロン、CO_2などを除いて、単独で香味に大きく影響する成分少ない、市販品の香味の幅は比較的狭い、新鮮、爽快重視、成熟考えない、多くの成分香味の総合と調和、口中の刺激時間短い（～5秒）。 香味表現具体性やや乏しい： 麦芽香味、エステル、ホップ、ジアセチル、H_2S、酵母、未熟、果実香、エステル香、苦味、後苦味、渋味、CO_2刺激、軽快、コク、キレ、すっきり、まるい ワイン、清酒のような甘味は無い（オリゴ糖、デキストリンがほとんど）。	アミノ酸など窒素化合物の寄与大、糖、酸（少ない）、特徴香低く、重い（吟醸香＝酢酸イソアミル、カプロン酸エチル）、多量のアルコールが香味をまとめる、香味成分バランスの調和が重要、口中刺激時間やや短い（4～7秒）。 市販品の香味の幅狭い（例外：熟成酒）。 香味表現具体性乏しい： 新酒香、麹臭、吟醸香、果実香、エステル香、甘い、辛い、苦い、渋い、旨い、新鮮、端麗、濃醇、軽快、重い、滑らか、まるい、若い、老ね、雑味、コク、キレ

あります。色についても具体的に表現するのがワインの特徴で、白ワインでは琥珀《こはく》、レモン、蜂蜜、麦わら、赤ワインではガーネット、玉ねぎの皮、ルビー、バイオレットなどが用いられます。味はビールや清酒とほぼ同様で、甘、辛、渋、旨、苦み、端麗、濃醇、豊か、痩せている、調和、刺激的、力強い、弱い、雑味、コク、キレなどがありますが、このコクとキレについては、後述するようにワイン、ビール、清酒で内容が異なる好例です。

ビールでは、イソフムロンと炭酸ガスが苦味と爽快感に大きく貢献しますが、それ以外に、単独で香味との関係が明らかな成分は認められず、麦芽由来の成分や、ホップ由来の香り、発酵により生じた化合物が一体となって、その香味を形成しています。口中の刺激時間は短く、5秒程度で、のどを通る感触や戻ってくる香味を合わせたのどごしが重視されます。市販ビールのほとんどがピルスナータイプであり、その中で個々のビールの個性を強く打ち出すのは難しい面があり、ワインのような香味を具体的に評価、識別する用語はありません。苦味、軽快、豊醇、コク、キレ、すっきりなど、清酒と同様に抽象的な表現が多いのですが、ワインや清酒のような「甘い」がありません。ビールの糖分のほとんどはオリゴ糖やデキストリンで、甘味を感じないのです。たとえば、ビールの酒質を縦軸に口当たりの強い、滑らか、横軸に柔らかな味わい、濃い味わいで区切った4象限で表し、分布の広がりや偏りを調べることも行われています。

清酒は、前述のように酢酸イソアミルやカプロン酸エチルを除いて、単一で香味を特徴付ける成分がなく、アミノ酸やペプチドなどの窒素化合物のコクやキレへの寄与も糖分や酸の調和により形成されており、高濃度のアルコールが香味の調和に大きく貢献しています。口中の刺激時間は4〜7秒程度です。製品の香味の幅は狭くなりますが、味に関しては、糖やアミノ酸などの不揮発成分を比重で表した日本酒度と酸度で辛口、甘口を表示することが一般に行われます。清酒を評価する言葉は、具体的な香味表現用語は少なく、新酒香、麹臭、吟醸香、果実香、甘い、辛い、渋い、旨い、端麗、濃醇、軽快、滑らか、まるい、コク、キレなど、抽象的な表現が主体です。

ビールと同様に酒質を縦軸に香りの強弱、横軸に味の端麗、濃醇で区切った4象限で表すことも行われていますが、これについては後に詳しく述べることにします。

コクとキレは良く用いられる言葉ですが、その内容はワイン、ビール、清酒ではそれぞれ異なります。

ワインではキレはほとんど用いられません。ビールではきれい、すっきり、爽快感と調和といった酒質を表す表現で、たとえば、苦みの主役イソフムロンを適量含み、発酵が進み、アミノ酸などが少なく、アルコール分の多いものを指すことが多いのですが、国によってその意味が異なり、アメリカでは香味のきれいなビールをキレがあると言うことが多いのですが、ドイツでは、イソフムロンがかなり多くシャープなものを指すことが多いのです。日本ではこの両者ともキレがあると評価しますので、いささか戸惑います。清酒も同様で、ほど良い苦味と旨味があり、後味がすっきりしたものを指す一方で、端麗、軽快な酒質もキレと表現します。きちんと整理する必要がありますね。

ワインでは、色が濃く、濃醇で、特徴的香味が良く調和しているものをコクがあると評価します。反対の表現は痩《や》せている、平凡、薄いです。ビールでは、濃醇な香味が調和しているものを指し、糖分やアミノ酸、アルコール、イソフムロンなどを充分に含むものを指します。清酒では窒素成分の香味への影響が大きく、概して、窒素成分が少ないと端麗な味になり、多くなるに従って、豊かな味、コク、さらに窒素成分が多くなると、雑味、苦味が強くなることを前に述べましたが、興味深いことに、これらの感覚は温度により変化するので、冷酒と燗酒では香味がまったく異なります。

どの酒でも、美味しく飲むには飲用温度はきわめて重要ですが、特に清酒では積極的に取り入れて、その香味の変化を楽しんできたのです。一般に味覚は15～30℃、特に21℃で最も鋭敏と言われます。その意味では常温でき き酒するのが良いといえますが、味覚はそれぞれ温度により刺激の強さが異なり、甘味は0℃では20℃の約4分の1程度にしか感じられず、温度が上昇するにつれて刺激も増し、37℃辺りで最高となり、それ以上の温度では低下します。酸味は10～40℃ではほとんど変わりませんが、清酒では、低温では爽やかに、高温ではふくらみが増すようです。苦味は高温ほど刺激が弱まる傾向があります。

そこで、吟醸酒のように香りが高く、端麗で酸の少ない酒は、低温（10〜15℃）では、甘味を強く感じることなく、香りを楽しみ、美味しく感じるでしょうし、高温では香りが強すぎ、苦味が弱く、時には味が乏しく感じるようになります。辛口の酒は40〜45℃のぬる燗が細かい特徴が明らかに感じられるでしょうし、コクのある、やや味の重い酒は、熱燗（50〜55℃）にすることで、すっきりした味わいとなるでしょう。ワインでも白ワインは10℃程度の低温、赤ワインは15〜18℃程度で飲むのが勧められますが、より細かく、酒質に合わせて飲用温度を変化させて、最も香味を楽しめる状態にするという清酒の飲み方は、日本独特の発明といえましょう。

8章　きき酒

きき猪口

酒の醸造管理や品質管理、等級付けには官能評価を欠かすことはできません。香味成分の分析はあくまでも官能評価を支えるものであり、今後もその関係は続くでしょう。酒類ごとに統一された表現用語、評価法が必要で、たとえば、ビールでは1979年にアメリカとヨーロッパで、国際統一用語集が編纂されました。表現用語とそれを共通に認識するための香味標準化合物が決められています。

官能評価は通常、人間の感覚が鋭敏な午前10時頃に開始されます。室温は20℃前後、湿度も一定が望ましく、直射日光を避けた白色の部屋が多く用いられます。ワイン、ビール、清酒と焼酎、ウイスキーそれぞれのきき酒（官能評価）法の5例を挙げます。

1 ワイン

ワインの評価は、古くからその色、香味などを具体的に表現するプロファイル法が用いられてきました。ワインの酒質、色、香味の多彩さから当然のことで、きき酒に用いるグラスも国際標準規格があります。図8・1に示すような脚付グラスで、高さ155±5mm、ボウルの最大径65±2mm、容量215±10mLなど、細かく規定されており、通常50mLほどの試料ワインを注いで、きき酒を行います。温度は白ワインでは10℃、赤ワインでは18℃程度です。

国際規格のワイングラス

全高：155±5 mm
ボウル（容器部分）の深さ：100±2 mm
底部＋脚部の高さ：55±3 mm
頂部の外径：46±2 mm
ボウルの最大径：65±2 mm
脚部の外径：9±1 mm
底部の直径：65±5 mm
全容量：215±10 mL
きき酒容量：50 mL

図8·1　ワインのきき酒グラス

ワインの評価法はその目的によりさまざまですが、ワインの研究・教育で評価の高いボルドー大学のワインきき酒講座の評価法を参考に、一例を述べます。評価表は表8・1に示すようで、外観、香り、味と総合評価16項目について評価し、20点満点で採点します。

まずグラスを手に取り、ワインの色調や透明さ、オリの有無を調べます。グラスにワインが接している縁は、色の細かな変化を見るのに便利で、グラスを傾けて、白ワインの褐色の程度や、赤ワインの褪色、褐変の程度で、酸化、熟成の程度を知ることができます。アルコールやグリセリン、糖が多いワインでは、グラスを揺すって、ワインが内壁を筋状にゆっくりと流れ落ちる「脚」や「涙」が見られます。

ワインの香りは、原料ブドウや発酵に由来するアロマと、その後の熟成に由来するブケとに分けられますが、実際に両者を厳密に識別することは難しく、多くの場合は不要です。グラスに鼻を近付けて、立ち上る香りを嗅ぎ、次にワインを動かして

表8·1　ワインきき酒採点表

Nom du dégustateur（きき酒者名）………… Date（日付）…………
Identification du vin（試料名）…………

ASPECT（外観）	Couleur (intensité, teinte)（色－温度、色調）…………	
	Limpidité（清澄度）…………	
	Autres observations（他の所見）…………	
ODEUR（匂い）	Netteté（きれいさ）…………	
	Qualité（質）…………	
	Intensité（強さ）…………	
	Description（他の物質等と対応させての記述）…………	
	Défauts éventuels（不慮の欠陥）…………	
GOÛT（味）	Description	Attaque（初めの印象）…………
		Evolution（次の段階にくる印象）…………
		Fin de bouche（最終的な印象）…………
	Equilibre et structure générale（全体的な調和の状態と内容）…………	
	Arôme de bouche（口から鼻に抜ける香り）…………	
	Persistance aromatique（香気の残存度）…………	
	Autres observations（他の所見）…………	
JUGEMENT（評価）	CONCLUSIONS（全体を通じての所感）…………	
	…………	
	NOTE SUR（採点）：	

香りを嗅ぎます。香気成分の揮発性の大小や、酸化などによる変化で、香りが変化することがわかります。

次にワインの一定量（通常はほぼ10 mL）を口に含み、その変化を調べます。始めの5秒ほどは甘味が主体で、口当たりの良さがわかります。次いで酸味や辛味が感じられます。9秒以降は苦味や収れん味、味の幅、アルコールが感じられます。さらに空気を吸い込みながら口中のワインをかき混ぜ、立ち上る香りを鼻に抜き、評価します（口中香）。所要時間は12～20秒になります。

評価表に色の濃さ、色調、透明度などを具体的に記入し、香りのきれいさ、質、強さと特徴を他の物質などと対応させて記述、欠点があれば記します。口に含んだ時の最初の味の印象、変化、全体の調和、口中香、味の残存性を香り同様具体的に記し、最後に総合評価、評点を記します。評価用語は通常250ほどが用いられます。

評点18～20は素晴らしい、16～17は大変良い、14～15は良い、12～13は比較的良いと評価されるようです。

ワインは色、香り、味が多彩で、ブドウ、醸造法も多様であり、発泡性ワイン、シェリーやポートワインなどさまざまな酒質があり、それぞれに適したきき酒手法が用いられています。

2　ビール

ビールの特徴は前述のように、低アルコール分、ホップの香りと快い苦味、麦芽の香味も加わったコク、炭酸ガスと泡が大きく貢献する清涼感、新鮮さ、のどごしの良さでしょう。きき酒の試料温度は4～12℃で、エールやスタウトなど上面発酵ビールでは15～22℃が一般的のようです。なお、清酒やワインではきき酒後、口中の試料を吐き出しますが、ビールではのどごしが重視されるので、試料は飲み込んでしまいます。

きき酒には、上部がややすぼまった150mL容程度のチューリップグラスが良く用いられます（図8・2）。グラスに脂肪が付着していると泡の性状が変わるので、あらかじめ良く洗浄しておきますが、これは清酒やワインでも同じです。

グラスにビールを注ぎ、泡の立ち方やきめの細かさ、泡持ちの良さを調べ、ビールの色の具合と清澄さを見ます。香りを嗅ぎ、ビールを飲んで、新鮮で爽やかな香り、爽快な苦味、香味の豊かさとキレ、のどごしの良さ、香味の調和を評価します。

1979年に欧米が中心となって、ビールの評価用語が統一編集されました。香味表現基本用語、それを詳しく説明する用語計58と、具体的に理解するための香味標準化合物を定めています。ただ、わが国ではピルスナータイプがほとんどであるなどの事情から、統一規格を参考に、さまざまな評価法が用いられています。キリンビール社の例を挙げましょう。

図8・2　ビールのきき酒グラス
（日本酒造組合中央会『官能検査法』より）

ビール鑑定表（表8・2）のA～Cはビールの香りに関する項目で、Aは麦芽や麦汁製造の過程で生じる甘いカラメル様香味で、Cのホップ由来の香味と共にビールの香味の特徴といえます。Bのエステル香は、適量ではビールの芳香を強化し、調和させます。D～Oはどちらかといえば不快な香味で、ダイアセチル臭、未熟臭味、硫化水素臭などは、未熟なビールの特徴で、これら

表8·2　ビールの官能検査用紙

ビール鑑定表

試料＿＿＿＿＿＿　年　月　日　氏名＿＿＿＿＿＿ □

		感じない	少し感じる	感じる	強く感じる	
A	麦芽香味，麦汁香味 カラメル香味	0	1	2	3	
B	エステル香味 果実臭，ワイン臭	0	1	2	3	
C	ホップ香	0	1	2	3	
D	ホップの異臭 (樹脂臭，枯草臭，青草臭)	0	1	2	3	
E	ダイアセチル臭	0	1	2	3	
F	汚染臭・カビ臭	0	1	2	3	
G	未熟臭味，若臭味	0	1	2	3	
H	硫化水素臭，ドブ臭	0	1	2	3	
I	酵母臭味	0	1	2	3	
J	酸化臭味 (古い，醤油臭，味噌臭)	0	1	2	3	
K	日光臭	0	1	2	3	
L	後苦味	0	1	2	3	
M	渋味，収れん味	0	1	2	3	
N	甘味	0	1	2	3	
O	その他の異常な臭味 (あれば具体的に)	0	1	2	3	

		強く感じる	感じる	少し感じる	どちらでもない	少し感じる	感じる	強く感じる		
P	苦味が快い	+3	+2	+1	0	−1	−2	−3	苦味が不快である	
Q	炭酸ガスの刺激が快い	+3	+2	+1	0	−1	−2	−3	炭酸ガスの刺激が不快である	
R	こくがある，腰が強い，芳醇，豊か，しまっている	+3	+2	+1	0	−1	−2	−3	こくがない，腰が弱い，水っぽい，もの足りない	
S	まるい，なめらか，上品，すっきり，きめが細かい	+3	+2	+1	0	−1	−2	−3	粗い，雑然，単純，大味	
T	軽快，爽快，新鮮	+3	+2	+1	0	−1	−2	−3	重い，だれている	

全体的に評価してください．

U	香味のよさ								
		大変良い	良い	少し良い	どちらでもない	少しわるい	わるい	大変わるい	
	うまい (もっと飲みたい)	+3	+2	+1	0	−1	−2	−3	うまくない (もう飲みたくない)

推定銘柄（又は工場）	

を感じないところまで減少させることが、ビール後発酵の役割の一つです。酸化臭味、日光臭は古くなったビールに生じます。後味のすっきり消える苦味がいつまでも残っていたり、渋味や過度の甘味は好まれません。これらは4段階で評価されます。P〜Tではビール固有の快い苦味、炭酸ガスの刺激、コクや豊かさ、滑らかさや、キメの細かさ、爽快感、新鮮さを7段階で評価し、最後に品質の良否を7段階で評価する方式で、考えただけで、気が遠くなるようなきき酒です。ただし、ワイン、清酒を含め、ここに記した評価法はいずれも、製造や販売に従事する専門家が、醸造工程管理や品質管理に用いる方式で、消費者の方は、極端に言えば美味しい、不味いだけでも良く、

要は酒の品質、特徴に関心を持っていただければ、酒がより身近に楽しめるものになりましょう。生産者の製品の意図、強調したい酒質の特徴が消費者に具体的に伝わり、消費者の評価が生産者に届く、嗜好品である酒にとってきわめて重要な双方向性コミュニケーションシステムの構築は、酒の未来を左右する大事業ですが、いまだ緒に就いたばかりの段階です。

3 清　酒

まず、独立行政法人酒類総合研究所で毎年4〜5月に行われる全国新酒鑑評会の審査方式について述べます。この鑑評会は50年以上の歴史を持ち、最も権威のある清酒の鑑評会の一つです。審査対象酒は前年7月以降に製造された吟醸酒で、酒造企業が任意に出品できますが、1酒造場1点と限られています。

平成26年の鑑評会には845点が出品され、予審と決審、成分検査の結果、優秀酒442点、そのうち特に酒質の優れたもの233点が金賞に選ばれました。

審査員は酒類総合研究所の職員、国税局鑑定官室職員（酒類担当の技術職員）、各地の優れた酒造技術者や指導者で構成され、予審45名、3班に分かれ、それぞれ1日約100点を3日間審査、決審は24名により、2日間にわたり審査が行われました。会場の温度は20〜23℃、試料の温度は

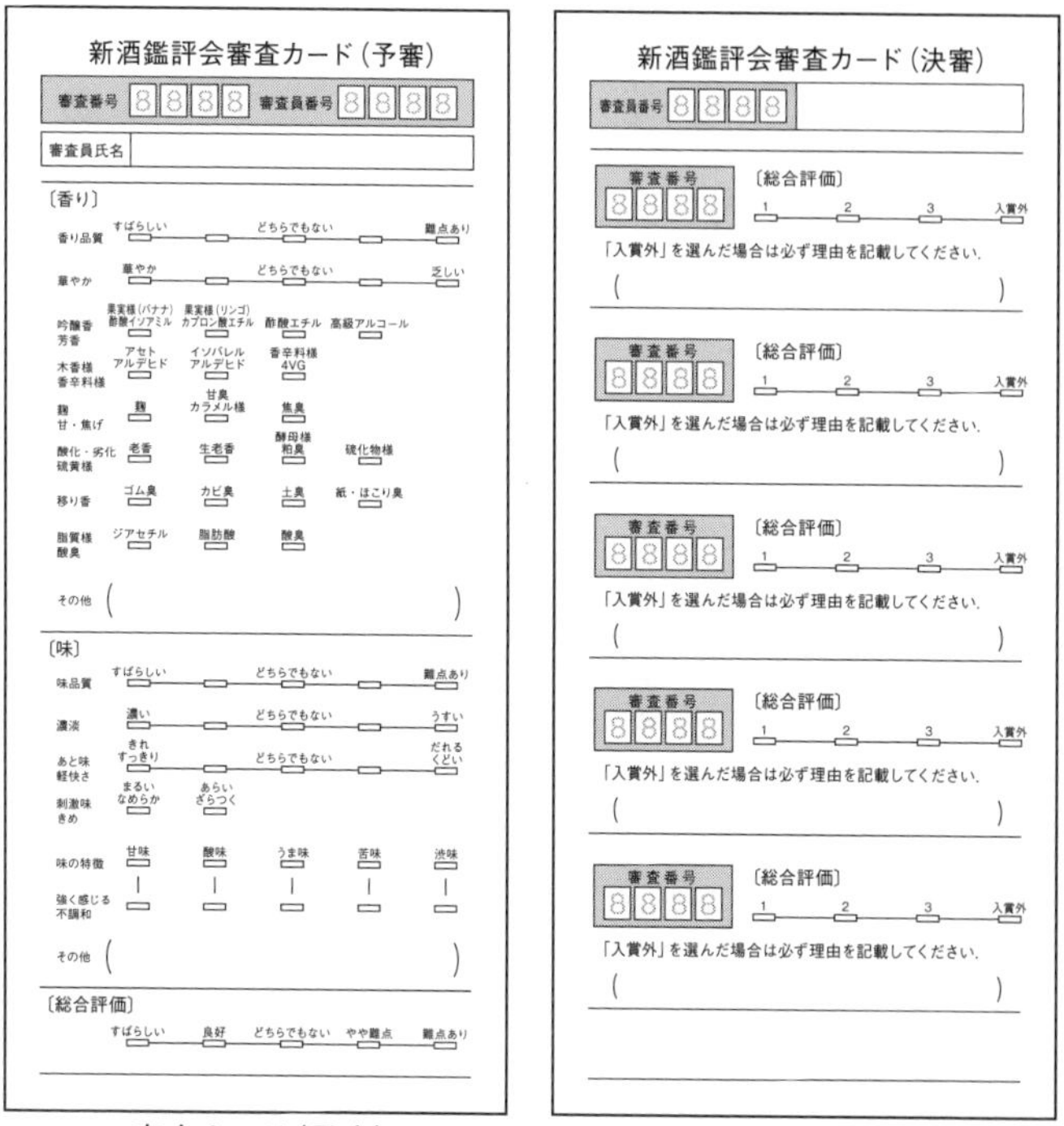

審査カード（予審）　　審査カード（決審）

図8·3　審査カード（予審·決審）

18・3〜21・2℃、審査は試料の色がわからぬように、アンバーグラスを用いています。予審審査カードと決審カードを図8・3に示しますが、予審では香りの品質、華やかさを5段階評価、吟醸香、木香、麹香、酸化、劣化、硫黄臭、移り香、酸臭などをチェックし、味の項では品質、濃淡、あと味を5段階評価、なめらかさ、粗さ、味の特徴として、甘味、酸味、うま味、苦味、渋味をチェック、5段階で総合評価を行います。決審は総合評価のみ4段階で行います。

これまで述べたところで、なぜ、色を審査対象から外すのかと不審に思われた方が多いのではないでしょうか。審査対象である吟醸酒は芳香と端麗が特徴で、淡色を良しとする傾向がありますし、高度精白米を用い、低温発酵など、色が生じる要因はほとんどありません。着色は品質を劣化させる鉄と麹菌が生成した物質との化合物フェリクリシンによることが多く、低品質を表すと考えられていますが、試料の色が酒質評価に大きく影響を及ぼすことを認め、それを極力除くためのアンバーグラスの採用は極端とも言え、ワインとは反対に、少なくとも吟醸酒は色をあまり評価しない、珍しい酒であることを強く印象付けます。

通常は、図8・4に示すような容量200mLほどの白磁の筒型容器で、試料の清澄さ「テリ」と色調を見やすくするため、内底に青い二重丸の入った「きき猪口」を用い、ワインとほぼ同様の手法できき酒を行います。口中に含む試料の量は3~12mL、試料を口中に広げ、その香味の変化と全体のバランスを調べるため、5~10秒程度が必要です。きき酒のコツの一つは、この二者を常に一定にすることといわれます。

清酒に関する評価用語を、色、香り、味別に表8・3にまとめま

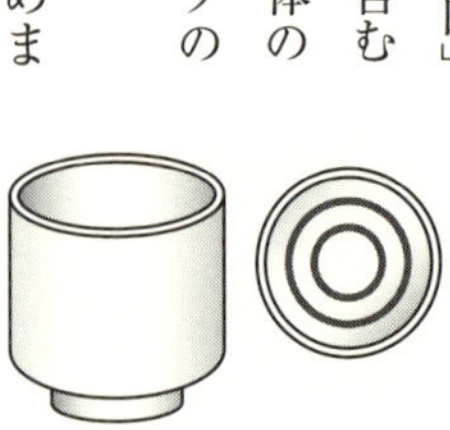

図8·4　清酒のきき猪口
（日本酒造組合中央会『官能検査法』より）

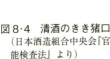

表 8·3　清酒に関するきき酒用語

色に関するきき酒用語

1	サエ
2	テリ
3	透明度
4	澄明度
5	光沢
6	ボケ
7	白ボケ
8	混濁
9	蛋白混濁
10	浮遊物
11	番茶色
12	黒い
13	淡麗
14	水の様
15	茶褐色
16	黄金色
17	山吹色
18	色沢濃厚
19	色が薄い（淡色）
20	色が濃い（濃色）
21	色がない（無色）
22	コハク色

香りに関するきき酒用語

1	新酒ばな	27	ダイアセチル臭
2	麹ばな	28	冷香
3	吟醸香	29	火落香
4	バナナの香	30	かめ臭
5	リンゴの香	31	ビン香
6	果実臭	32	酸敗臭
7	エッセンス臭	33	腐造臭
8	エステル臭	34	酸臭
9	冷こみ香	35	酢酸臭
10	熟し香	36	酪酸臭
11	糠臭	37	カビ臭
12	甘酒臭	38	ゴム臭
13	味りん臭	39	硫化水素臭
14	甘臭	40	付け香
15	炭素臭	41	袋香
16	濾過綿臭	42	渋香
17	濾過臭	43	油臭
18	紙臭	44	石油臭
19	木香	45	粕くさい
20	うつり香	46	金属臭
21	老香	47	かなけ
22	焦臭	48	樽臭
23	アルコール臭	49	コルク臭
24	フーゼル油臭	50	異臭
25	アルデヒド臭		
26	ツワリ香		

味に関するきき酒用語

1	こく	27	さらっとした
2	ごくみ	28	さびしい
3	濃醇味	29	うすい
4	にく	30	こい
5	濃味	31	あらい
6	おし味	32	熟した
7	芳醇な	33	重い
8	旨味	34	老ねた
9	まるみ	35	くどい
10	ふくらみ	36	だれた
11	がら	37	ボケた
12	きめ	38	味の離れた
13	のどごし	39	甘い
14	さばけ	40	辛い
15	引込み	41	すっぱい
16	後味	42	渋い
17	きれい	43	にがい
18	淡麗な	44	塩からい
19	なめらか	45	雑味
20	舌ざわり	46	くせ
21	軽い	47	糊味
22	すっきりした	48	かなけ
23	味の調和した	49	腐敗臭
24	なれた		
25	若い		
26	しっかりした		

（日本酒造組合中央会『官能検査法』より）

した。味に関してわかりそうな言葉は、コク、旨味、まるい、後味、きれい、なめらか、軽い、薄い、濃い、あらい、くどい、甘い、すっぱい、渋い、苦いなどで、おし味、引込み、さばけ、だれた、などはほとんど理解していただけないでしょう。香りについても、新酒ばな、冷込み香、炭素臭、濾過綿臭、濾過臭、ツワリ香、冷香、火落香、ビン香、袋香など意味不明な表現が多く、これらも含めて、多くの用語は欠点を指摘する言葉です。たとえば、ツワリ香は、もろみ発酵が遅れ、酵母の代謝が不調和な場合や、清酒保存中に乳酸菌に汚染されて生じるダイアセチルが主体の異臭ですので、ダイアセチル臭と物質名で表したほうが具体的に理解できましょう。問題とすべきは、香り、味とも具体的な表現が少ないこと、酒質を良く評価する言葉が少なく、多くは欠点を指摘する言葉であることです。きき酒の元来の目的が酒造の工程管理や品質管理にあったことから当然ともいえましょうが、酒質の特徴を消費者に伝えるにはまったく相応しくなく、消費者が容易に酒の特徴を理解でき、表現できる用語の開発が急がれます。それによって初めて生産者の意図や酒質が消費者に伝わり、消費者の評価や要望が生産者に伝わる双方向性コミュニケーションが可能になりましょう。

そのような試みは不十分ではありますが、始まっています。後ほどその例を挙げましょう。

4 焼　酎

毎年、酒類総合研究所と日本酒造組合中央会が共催している単式蒸留焼酎鑑評会のきき酒をご紹介しましょう

出品された市販酒そのままと、アルコール分20％に希釈したものを試料とします。焼酎に限らず、蒸留酒はアルコール分がさまざまで、香味に大きく影響するうえ、高アルコール分の酒をきき酒すると、審査員の疲労が増し、極端な場合、舌や口蓋の皮がはがれる危険があります。

出品酒は、使用原料別に、米、麦、甘藷、泡盛、そば、酒粕、黒糖、その他に分け、それぞれ

をさらに貯蔵条件（樽貯蔵など）で分類しました。審査員はほぼ20名で、図8・5に示すプロファイル方式の評価カードを用いて、香り、味、原料特性と総合評価を5段階で評価します。この結果を成分分析結果と併せて、品質の良否、特徴を判定しています。

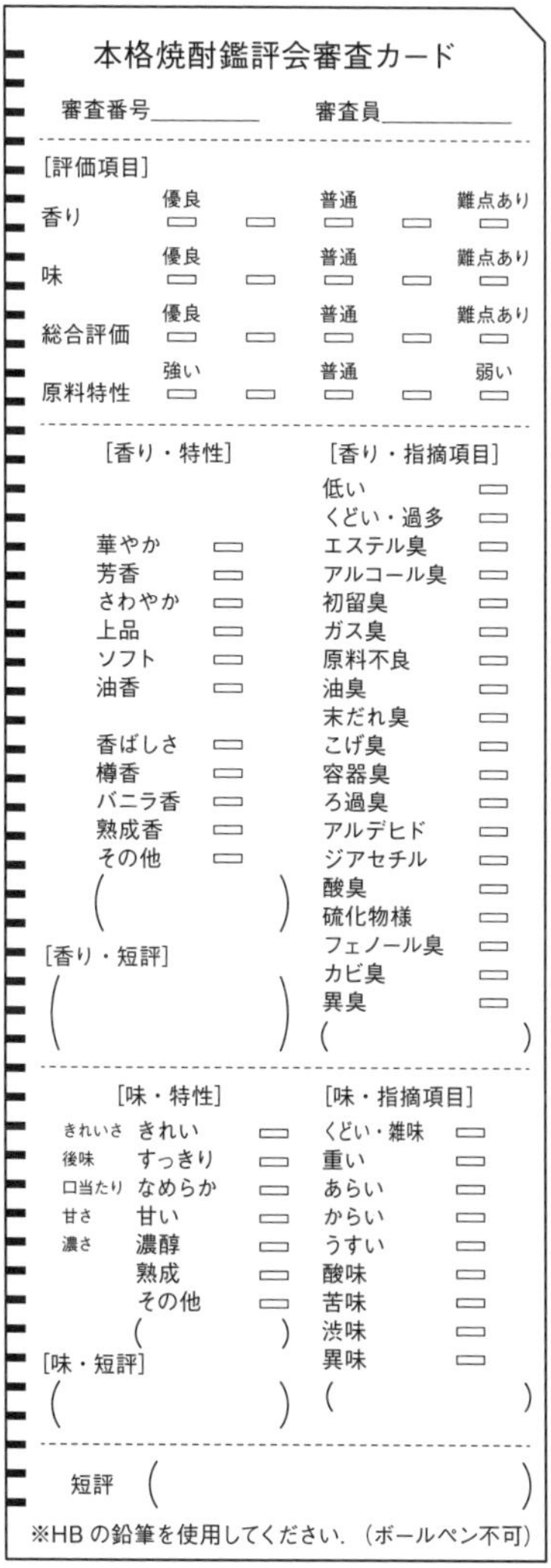
本格焼酎鑑評会審査カード

審査番号＿＿＿＿＿　審査員＿＿＿＿＿

［評価項目］

	優良		普通		難点あり
香り	▭	▭	▭	▭	▭
	優良		普通		難点あり
味	▭	▭	▭	▭	▭
	優良		普通		難点あり
総合評価	▭	▭	▭	▭	▭
	強い		普通		弱い
原料特性	▭	▭	▭	▭	▭

［香り・特性］
華やか ▭
芳香 ▭
さわやか ▭
上品 ▭
ソフト ▭
油香 ▭
香ばしさ ▭
樽香 ▭
バニラ香 ▭
熟成香 ▭
その他 ▭
（　　）

［香り・指摘項目］
低い ▭
くどい・過多 ▭
エステル臭 ▭
アルコール臭 ▭
初留臭 ▭
ガス臭 ▭
原料不良 ▭
油臭 ▭
末だれ臭 ▭
こげ臭 ▭
容器臭 ▭
ろ過臭 ▭
アルデヒド ▭
ジアセチル ▭
酸臭 ▭
硫化物様 ▭
フェノール臭 ▭
カビ臭 ▭
異臭 ▭
（　　）

［香り・短評］
（　　）

［味・特性］
きれいさ　きれい ▭
後味　すっきり ▭
口当たり　なめらか ▭
甘さ　甘い ▭
濃さ　濃醇 ▭
熟成 ▭
その他 ▭
（　　）

［味・指摘項目］
くどい・雑味 ▭
重い ▭
あらい ▭
からい ▭
うすい ▭
酸味 ▭
苦味 ▭
渋味 ▭
異味 ▭
（　　）

［味・短評］
（　　）

短評（　　）

※HB の鉛筆を使用してください．（ボールペン不可）

図8·5　本格焼酎鑑評会審査カード

5　ウイスキー

図8・6に示すような容量150mLほどのチューリップ型グラスが良く用いられます。通常はグラスの下部に2本の線が記され、下線までウイスキーを入れ、上線まで水を注げば、2倍に希釈するようになっています。この希釈試料と試料そのままの両方をきき酒します。アルコール分を下げることに因り、アルコールに溶けやすい多くの香気成分の揮発度が高まり、それぞれの香りの特徴がより明確に感知されます。

図8·6　ウイスキーとブランデーのきき酒グラス
（日本酒造組合中央会『官能検査法』より）

そのままの試料で、色調を調べ、グラスを揺すりながら香りを嗅ぎ、ついで口に含んで、その香味の特徴とバランス、吐き出した後の余韻を確かめます。希釈試料についても同様の評価を行い、結果を図8・7に示すプロファイル評価表に記入します。自慢めいて恐縮ですが、この評価方式は筆者らの研究グループが開発し、実用に供されているもので、少し詳しく説明します。

まず、香りの調和、豊かさ、軽さ、重さ、個性的か否か

ウイスキー官能評価用紙　　　月　日

試料＿＿＿＿＿＿＿　　氏名＿＿＿＿＿＿＿

次の項目について，香り及び味を評価してください．また，下段の該当すると思われる項目にも○印を付してください．

香

調和	普通	不調和	豊か	普通	単調
軽い	普通	重い	個性的	やや個性的	普通

味

濃い	普通	淡い	まろやか	普通	あらい
調和	普通	不調和			

香

フェノール様	（スモーキィ，薬品臭）
穀物香	（モルト香，穀類香）
エステル香	（華やか，フルーティ，酢エチ香）
甘い香	（バニラ様，蜂蜜様，カラメル香）
樽香	（樽熟成香，バーボン樽香，シェリー樽香，新樽香）
酸臭	（酢酸様，チーズ様）
アルコール香	（フーゼル油香，エタノール様）
ファッティ	
サルファリィ	（酵母臭，サルファ臭）
アルデヒド臭	（青臭い）
異臭	（カビ臭，ゴム臭，紙臭，エッセンス香，金気様，焦げ臭，樽クセ，生木臭）
未熟臭	

味

異味	（酸味，渋味，苦味）

図8·7　ウイスキープロファイル評価表

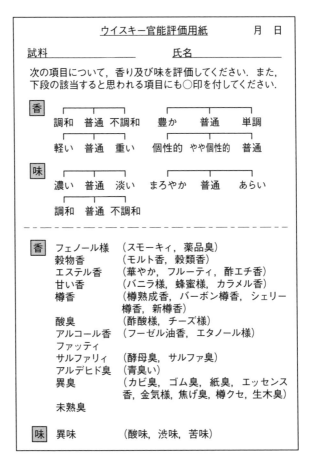

ます。

の4項目、味の濃淡、まろやかさ、あらさ、調和の程度の3項目をそれぞれ3段階で評価し、ついで記載例に従って、フェノール様、穀物様、甘い香りなど香りを、ついで味を具体的に表現します。

色については明確な識別が容易で、審査員の負担を軽くするために審査員の1名が色の濃淡、色調、透明度の評価を行っています。一般にスコッチ・ウイスキーは淡い黄色が多く、バーボン・ウイスキーは濃い茶褐色のものが多いのはご存知のとおりです。

フェノール様からサルファリィまでの項目はいずれもウイスキーの芳香の要素で、たとえばフェノール様については、スモーキィや薬品臭（グアヤコール臭）などと表現するなど、すべての項目について、より詳細で、具体的な表現が期待されています。

スモーキーフレーバーはスコッチタイプの代表的特徴香ですが、穀物香（モルト香、コーン香）、樽香、甘い香り、エステル香も重要で、特にモルトフレーバーはコーンフレーバーと共に、穀類を原料とするウイスキーの基本香です。

甘い香りも、原料麦芽や糖化工程、熟成工程にその多くが由来し、樽貯蔵中に生じる香り（ケルクスラクトンなど）と、熟成に用いたシェリー樽由来の香りはスコッチタイプの特徴で、バーボン・ウイスキーに用いる、内面を強く焼いた新樽に由来する特徴香とは明確なコントラストが認められます。

樽熟成中に、フェノール化合物と共に多くの酢酸が生成し、他の酸と共に独特の香味を形成します。エステルは発酵中および樽熟成中に生成され、香味の華やかさに大きく貢献します。ファッティ、サルファリィは、ウイスキーに複雑で多彩な香味を与える香りです。

各評価項目間には興味深い関係が認められ、香りの調和の良いウイスキーは、一般に香りが軽く、豊かで、味もほど良く調和しています。また、味のまろやかなウイスキーは味の調和が優れているものが多く、香りが個性的なウイスキーは、味が不調和のものが多いようです。

9章　酒質による清酒のタイプ分け

これまで述べてきたことから、清酒の香味を具体的に表すことは難しいことがおわかりいただけたと思います。しかし、この特徴が日本料理にはきわめて相性が良いこととなります。日本料理の特徴は、新鮮な素材の香味をそのまま生かした淡泊な味付けにあるので、たとえばワインのように個性の強い酒では料理の香味を壊しかねないおそれがあり、料理とワインの相性を探るのは意外に難しいものです。

清酒は古くから酔いが中心でしたが、快い酔いや、楽しい宴席の雰囲気を持続するために、料理が供されたといっても過言ではなく、まさに酒の菜「さかな」であったのです。あるアンケート調査で、清酒のイメージに関する最も多かった回答が、「酔い」と「赤提灯」であったというのも、この辺の事情を裏付けています。一方、最近の飲酒を伴う食の事情は大きく変わってきました。ホロ酔いの程度で、酒と料理を楽しみ、酒席の雰囲気を和ませ、コミュニケーションを図るのが現在の酒に望まれる主な役割です。そのためには、酒の香味の特徴を把握し、それに合わせた料理を用意し、酒や料理の美味しさを具体的に表現する必要がありましょう。ワインでは古くから教養の一つとして、酒質の具体的評価と料理との相性の理解と評価が美食学（ガストロノミー）の重要な項目となっていますが、清酒でも最近そのような動きが盛んになっています。筆者らの研究を例として取り上げてみましょう。

清酒に関するきき酒用語は表8・3に示しましたが、これらは酒造技術者が品質管理のために用いるもので、専門家であっても充分に理解するには長時間のトレーニングと努力が必要です。表現の多くは酒の欠陥を指摘するもので、表中の香りに関する50語中、欠陥を指摘したものは42を数えます。製品の出荷に際して、欠点のあるものは除かねばならず、品質管理の主要な手段がきき酒であることから、欠陥を表す用語が多いのは当然なのでしょう。

しかし、これでは宴席での会話は寂しいものになります。「うまい酒だね。辛口で後味が良い。熱燗が良いね。」これで精一杯です。

最近、清酒業界では、清酒の新たな発展を目指してさまざまな新製品の開発が盛んで、生酒や吟醸酒のような、新鮮さや端麗な味、華やかな果実様の香りを持つものから、長期熟成酒のような、濃い赤褐色で複雑で強い香味の酒、さらにはアルコール分10％の低アルコール酒などが店頭に飾られています。これらの多くを消費者に知っていただき、さまざまな機会に楽しんでいただくには、それぞれの酒の特徴と、好ましい飲用温度、相性の良い料理などの情報をわかりやすくまとめて、商品と共に消費者に届ける必要がありましょう。当然、酒をほめる表現が多くなり、酒質をプラスに評価する言葉が多くなります。そのような用語が多くなり、広く消費者に普及すれば、前述のような酒質表現の乏しさは影を潜め、会話が弾み、飲酒の楽しさはより深まることでしょう。

この問題に関して、日本酒造組合中央会（清酒製造業の全国組織）が中心となり、筆者も参加した研究の例をご紹介します。

まず全国から、特有の香味を持ち、品質が優れていると考えられる酒を多数集めました。この中には、生酒、吟醸酒、純米酒、長期熟成酒、伝統的手法である生酛《きもと》づくりの酒などが含まれています。

表9・1にそのとき用いられたプロファイル評価表を示します。内底面に青い二重丸の描かれたきき猪口に7分目ほど試料を入れ、まず色調を無色から黄褐色へ4段階で評価します。次に猪口を軽く揺すりながら、立ち上る香り（上立《うわだ》ち香《か》）を嗅ぎ、試料を口に含み、舌の表面に広げて味をきき、鼻に抜ける香り（含《ふく》み香《か》）を調べ、のどご

表 9·1　清酒プロファイル評価表

1. 色調		4. 黄褐色 − 3. 黄金色 − 2. 淡黄色 − 1. 無色
2. 香り		
	(1) 上立ち香	: 3. 高い − 2. ほどほど − 1. 低い
	(2) 含み香	: 3. 高い − 2. ほどほど − 1. 低い
	(3) 香印象	: 3. 快い − 2. 中庸 − 1. 不快
	(4) その他の特性	(感じた項目に○をつけてください．いくつでも可)
	(指摘項目)	果実様香　花様香　シェリー様香　老酒様香
		甘酒様香　はなやか　エステル香　新鮮
		軽快　重厚　ソフト
3. 味		
	(1) 味印象	: 3. 快い − 2. 中庸 − 1. 不快
	(2) 味の濃淡	: 5. くどい − 4. 濃醇 − 3. 中庸 − 2. 淡麗 − 1. うすい
	(3) 甘辛	: 5. 甘離れ − 4. 甘口 − 3. 中庸 − 2. 辛口 − 1. うす辛い
	(4) その他の特性	(感じた項目に○をつけてください．いくつでも可)
	(指摘項目)	軽快　きれい　新鮮　なめらか
		後味良　重厚　上品　ほどよい苦味
4. 香味の調和		: 2. 調和 − 1. 不調和
5. 総合評価		: 4. 優れている − 3. 良好 − 2. 無難 − 1. 難点あり

しを評価します。上立ち香と含み香はそれぞれ高低を3段階、香りの印象（快―不快）を3段階に評価、果実様香、はなやか、軽快などの特徴をチェックします。味についても同様に、印象（快―不快）を3段階、濃淡、甘辛をそれぞれ5段階に評価し、軽快、きれい、なめらか、後味などの特徴をチェック、香味の調和、不調和を評価、それらを総合して4段階に優劣を評価するという大変なもので、審査員のご苦労には今更ながら頭が下がります。ちなみに審査員はこの問題に関心が強く、日頃から研究されているソムリエ3名、フランス料理のシェフと料理研究家、日本料理の料理長と酒の研究者、酒造企業経営者2名、学識経験者2名の計12名で、この研究を企画、推進した責任から、筆者もまとめ役として、末席を汚しています。

きき酒と同時に、試料のアルコール分、糖分、酸、アミノ酸、エステルや香気成分組成など詳細な成分分析が行われ、官能評価との関係を探る一方で、官能評価、分析すべての項目について、主成分分析などの統計処理を行い、酒質の特徴を最も良く表す主要な指標として、香りの高低と、味の若々しさ、濃醇を選び出し、前者を縦軸に、後者を横軸に取り、生じた4象限で試料清酒を4タイプに分類しました。

図9・1をご覧ください。縦軸の上に向かって香りの高さ、下に向かって香りの低さ、横軸の左に味の若々しさ、右に濃醇をプロットすると、清酒は縦軸と横軸で区切られた4タイプに分類されます。左上にプロットされる、香りが高く味の若々しいグループを香りの高いタイプ、左下

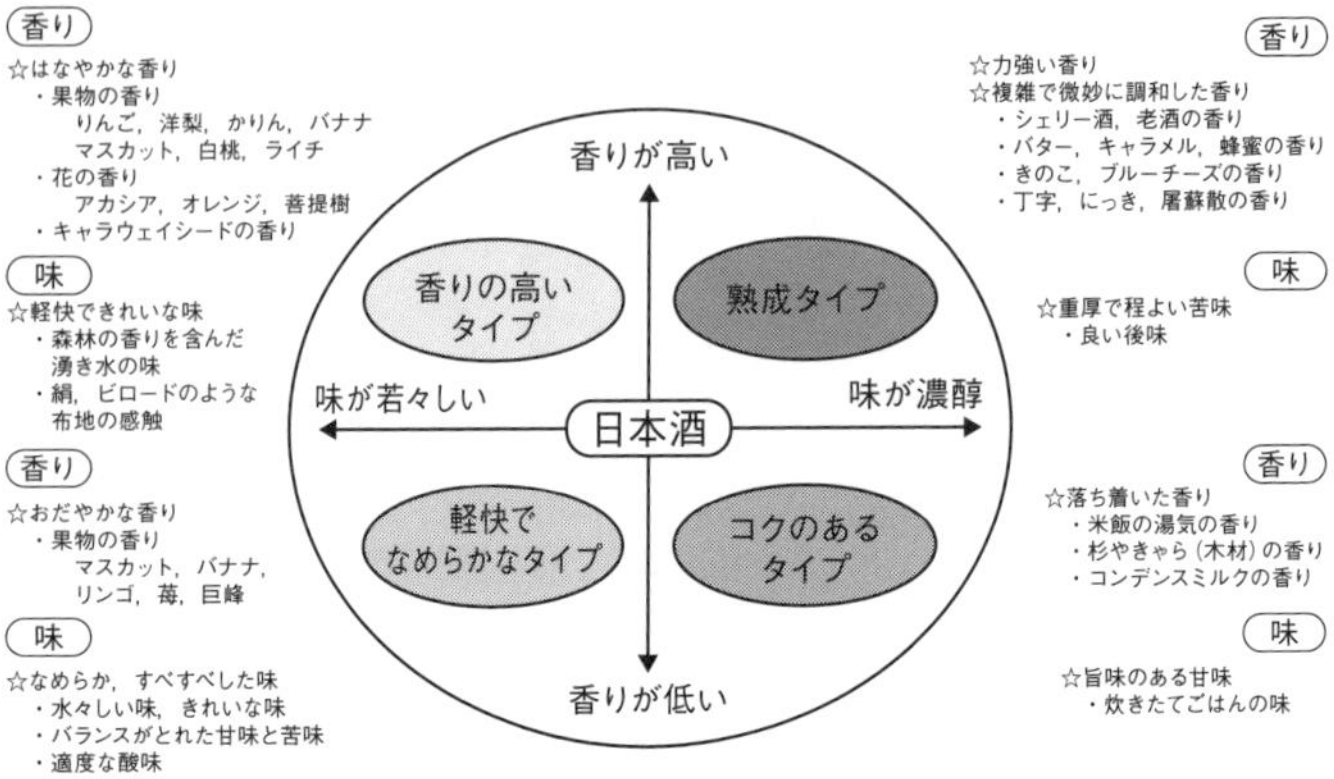

図9·1　清酒のタイプ分類

を軽快でなめらかなタイプ、右下をコクのあるタイプ、右上を熟成タイプと呼びます。

香りの高いタイプの特徴は、りんご、洋梨、バナナなどの果実や花のような華やかな香りと軽快できれいな味を持つことで、酢酸イソアミル、カプロン酸エチルなど芳香エステルが多く、酸やアミノ酸が少ないものです。エステル香が高く、味のきれいな酒は、香りが変化しやすく、熟成すると異なる香りが生じることがありますが、それをライチやアカシア様と表現されたのは驚きでした。

味の表現も、単に軽快できれいというだけでなく、絹、ビロードの感触、森林の香りを含んだ湧き水の味という詩的表現まであり、表現の豊かさと、それが消費者にどう伝わるか、いささかとまどいます。

このグループには多くの吟醸酒が入りますが、中には他のグループに入る吟醸酒もあり、実際、酒の中には、香りの高いタイプの特徴と、軽快でなめらかなタイプの特徴を合わせ持つものなど、2グループ以上にまたがって表現されるものも見受けられ、前述の原料や醸造法に基づく分類、たとえば吟醸酒、本醸造酒などをそれぞれ一つのグループに当てはめるのは困難です。

軽快でなめらかなタイプは、おだやかではありますが、マスカット、バナナ、苺様の香りを持ち、なめらかで、みずみずしい、すべすべしたきれいな味が特徴で、甘味と苦味のバランスが良く、適度な酸味があり、成分としてはリンゴ酸などが多く、生酒や、一部の吟醸酒などを含みますが、オンザロックや冷、燗酒のほか、他の酒とのブレンドなどさまざまな楽しみ方が期待されます。

コクのあるタイプには、純米酒や本醸造酒、生酛《きもと》づくりなどさまざまな酒が含まれ、吟醸酒も一部入ります。清酒本来の落ち着いた香りを持ち、炊き立ての米飯の湯気の香りやコンデンスミルクの香りが感じられ、優れた酒では良質の杉や、時には香木伽羅《きゃら》様の香りを感じるものもあります。味は炊き立ての米飯のような旨味と甘味を持ち、酸やアミノ酸も多く含んでいます。

熟成タイプのグループは多くの長期熟成酒が含まれます。江戸時代、味の評価はともかく、古酒は珍重されたようですが、明治時代以降、冬に醸造される清酒は、翌年の春までに売り尽され、さらに数年間も貯蔵、熟成した古酒が市場に出ることはありませんでした。20世紀の終わり頃から、酒の多様化が進むにつれて、清酒を熟成させる動きが盛んになり、次の章で紹介する長期熟成酒が店頭に並ぶようになりました。

10章　古くて新しい酒、熟成酒

前に述べたように、清酒は製造後ほぼ1年間で売り尽されます。たまたまごく少量が残り、古酒として貯蔵されることが古くからあったようで、江戸時代の文献には古酒に関する記述が多く見られます。ただ、その評判は必ずしも良くなかったようで、それは酒のあまりに強い個性が当時の料理や飲酒スタイルに合わなかったためではないかと推測されます。長期間の貯蔵と熟成酒の濃い褐色から中国の老酒を連想される方も多いかも知れませんが、熟成酒の香味は老酒とはかなり異なります。

清酒はワインほど抗酸化物質が多くありませんから、一般に数年間の貯蔵で酸化が進み、メラノイジン反応により黄褐色になり、グルコースなどの酸化により生じたさまざまな香気物質により、独特な、力強く複雑な香りが生まれます。生成物の一例としてソトロンを挙げてみましょう。

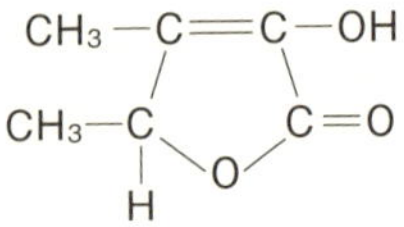

図10・1　ソトロンの構造式

ソトロンは図10・1に示すようなフラノン化合物で、強い焦げ臭を持ち、現在知られている香気物質の中で最も香りが強いものの一つで、1mLの水中に1／1億mg存在すれば、その香りが感知できるといわれます。老熟した清酒の香り（老《ひ》ね香《か》）を構成する成分として初めて分離同定され、清酒1kL中に140～430mg含まれていることが明らかにされました。一方、糖蜜や黒砂糖に特有な甘い香りの成分もソトロン（粗糖の香味成分であることからの命名です）で、その含量は8mg／kLと、清酒に比べはるかに少量であることが確かめられ、貴腐ワインの蜂蜜のような甘い香りの成分、フロールシェリーの香気成分、さらに火入れ醤油の重要な香気成分であることが明らかとなりました。ソトロンは高濃度ではカレー様の香りを呈しますが、薄まるにつれて、醤油様、老酒様、熟成清酒、さらに低濃度になると、貴腐ワイン、黒砂糖の甘い香りと、濃度が変わるにつれて香りの特徴が大きく変化する物質であることが明らかになり、世界の香りを研究する人々に大きなショックを与えました。

熟成中に生じる物質は味に関係するものも多く、アルコールの酸化により生じる酢酸は、酸味と香りを強めます。アミノ酸は減少し、一部はペプチドになり、アルコールとグルコースが結合して、エチルグルコシドが生じるなど、苦味を呈する物質が多く、これらは熟成した清酒にほど良い苦味を与え、濃醇な味の形成に貢献します。結果として、熟成清酒の香味は他の清酒と大きく異なり、香りが複雑で、良品はシェリーや老酒、バター、キャラメル、蜂蜜、きのこ、スパイスなどさまざまな香りが感じられ、味も重厚で、ほど良い苦味と後味の良さが特徴的です。

大事なことは、熟成清酒が市販化されたことにより、それまで清酒の香味を形成する要因が原料と醸造法だけであったのが、そこにワインや蒸留酒のように、時間の軸が加わって、香味の幅が大きく広がったことです。

なお、公平を期すために、ビールの中には、ベルギーのランビックのように、発酵、熟成に2年間も掛けるものがあることを付け加えておきます。

11章　酒と料理の相性

これまでに清酒が香味の特徴により4タイプに大別されることを述べました。清酒は食事と共に飲まれる食中酒として用いられることが多いことから、さまざまな料理との相性が大切です。

酒と料理の相性が良いとは、料理と酒を共に楽しんだ時に、両者を単独で摂るより美味しくなることですが、酒により相性の内容がやや異なります。個性的な香味が強いワインでは、料理を食して、ワインを口に含んだ時に、料理の特徴がより強く再現されたり、それまで隠れていた特徴が現れたりし、もちろんワインも美味しくなることが多く、その一方で、たとえば魚料理では生臭さが際立つなど欠点も目立ち、ワインも金気臭くなるなど、明らかに香味が劣化することはしばしば経験します。

以前、パリの著名な三つ星レストラン、ルカ・カルトンで、アラン・サンドランス シェフの料理を楽しんだ時、デザートの前に、3種類のチーズとそれぞれに対応したワインが供され、ウェイターがそれぞれの楽しむ順番を説明してくれました。チーズは軽い香味から重厚で個性の強いものの順で、それに合わせて、サンジョセフ、コートドジュラ、ゲブルツトラミナーと、香りが次第に強く、個性的になる3種類のワインで、くれぐれもこの順番で楽しむよう、念を押されましたが、この順で素晴らしい香味の高まりと調和を楽しむことができました。ところが順序を変えると、バランスがまったく崩れて、香味が色褪せてしまったのです。ワインと料理の相性の大切さ、フランス料理の奥深さに改めて感じ入った経験でした。

表11･1　酒類と食品との相性

	ビール	清　酒	白ワイン	ウイスキー水割り
蒲　鉾	8	12	5	10
ウ　ニ	6	12	7	6
海　苔	7	12	3	6
はんぺん	6	7	7	8
チーズ	9	3	10	12
ハ　ム	11	7	9	10
カレー	7	1	7	6
漬　物	10	11	6	6

注）数値は審査員12名中、相性が良いとした人数を示す。

話が逸れました。本題に戻り、まず、ビール、清酒、白ワインとウイスキーの水割りの4種類と、食卓に頻繁に登場する食品との相性を比較した例をご紹介しましょう（表11・1）。検査は12名の審査員で行われ、それぞれ相性の良否を判定しました。表中の数字は相性が良いと判定した人数です。

テストした食品の中には、ハムのようにすべての供試酒に比較的合うものもありますが、一般には酒それぞれに相性の良い食品と悪いものがあり、たとえば清酒はウニ、蒲鉾、海苔、漬物との相性がきわめて良く、チーズ、特にカレーとはまったく合わないという予想に近い結果となりました。

ビールは相性がきわめて良い食品は少ないかわりに、相性の悪いものはなく、食中酒としても優れていることが窺えます。清酒と並んで、漬物に良く合うのは特徴の一つでしょう。

取り上げた食品は海苔や蒲鉾など日本特有のものがありますが、白ワインは特に海苔との相性が悪い結果になりました。しかし、最近のすしの世界的流行など、和食が世界へ浸透するにつれて、海苔を食す機会が増え、両者の相性は急速に改善されているようです。水割りウイスキーも白ワインと同様の傾向を示しますが、面白いことに、蒲鉾との相性が良く、蒲鉾の持つ甘味や触感がウイスキーのすっきりした力強い香味に適しているのでしょう。

食卓の常連であるカレーと酒の相性について、清酒はまったく合いませんでしたが、ビールとワインはまずまずの結果となりました。両者はスパイシーな料理が多い欧米やアラブ、アフリカ諸国で古くから飲まれていた酒ですから、この結果は当然といえましょう。

日本の冬の料理の代表である、おでんの特徴は、味の異なるさまざまな食材が一つの鍋のなかで煮られていることで、はんぺん、つみれ、がんもどき、焼き豆腐、卵などがそれぞれの個性を発揮しながら、昆布や鰹節、醤油など旨味調味料と一体になり、微妙な香味を形成し、そのエッセンスが大根、こんにゃく、芋に吸収されて、どれをとってもそれぞれ特有の香味があり、バラエティに富んでいます。それぞれ酒との相性が違うかも知れません。

おでんの鍋の中から揚げボール、つみれ、大根、焼き竹輪、五目揚げ、はんぺんの6種類を選び、前述の酒に焼酎を加えた5種類の酒との相性を比較した結果は表11・2に示すとおりで、おでん種6種類とそれぞれの酒との相性評価の平均点は、清酒が2・7と最も高く、ビール2・5と2位で、以下ウイスキー、焼酎の順で、ワインは1・5と最も評価が低い結果となりました。

大根はいずれの酒にも合う唯一の種で、特に清酒、ビール、ウイスキーの評価が高く、おでん

表11·2　酒類とおでん種との相性

	清酒	焼酎	白ワイン	ビール	ウイスキー水割り
揚げボール	2.8	1.9	1.6	2.6	1.9
つみれ	2.7	1.5	1.2	2.4	1.7
大根	2.8	2.2	2.1	2.7	2.7
焼き竹輪	2.6	1.5	1.4	2.8	1.7
五目揚げ	2.6	1.5	1.5	2.5	1.9
はんぺん	2.4	1.5	1.4	2.2	1.8

注）数値は審査員14名の評価の平均値（相性評価点は　合う：3点、どちらでもない：2点、合わない：1点　とした）

の味が染み込んでいるほかに、大根特有の匂いと辛味、触感も貢献しているのでしょう。

反対に、はんぺん、つみれは酒類との相性評価が低いものが多く、特につみれは、清酒では2·7、ワイン1·2と、酒により極端に合う、合わないが分かれます。つみれは生臭い匂い（好ましい特徴の一つですが）が強いなど個性が強く、相性の相違が大きくなるのでしょう。

いずれにせよ、一口におでんといっても、種それぞれは酒との相性が異なり、酒を美味しく楽しむには種の選択が大切のようです。

12章　清酒のタイプと料理の相性

清酒の4タイプと料理の相性を比較してみましょう。検討した料理は、日頃食卓に上る焼き鳥、さんまの塩焼き、さばの味噌煮、湯豆腐、筑前煮などの和風料理と、とんかつ、ハンバーグステーキ、ポークカレー、スパゲティミートソース、エビフライ、ポテトコロッケなどの洋風料理、さらに焼餃子、麻婆豆腐、八宝菜、ソース焼きそばなどの中華料理と、魚介のゼリー寄せ、鱸《すずき》のパイ包み焼、仔羊の香草焼、ビーフシチューなどのフランス料理も加え、試料数は48点と膨大なものとなりました。

現実にわれわれが日常食している料理は数多く、その範囲や奥行きも膨大で、少数の試料の検討では得られる成果などわずかなものですが、日本料理を性質の異なる中華料理やフランス料理と比較することで、その相違が明確になることが期待されます。

たとえば、日本料理とフランス料理について、その素材や調味料などの成分を分析し、それぞれの特徴を比較すると、日本料理を代表する成分は、香味への貢献度が大きい順に酸（特に乳酸）、塩分、アミノ酸、糖分、油脂で、フランス料理では酸（特に乳酸）、タンパク質、油脂、糖分、塩分、アミノ酸の順となります。日本料理では、このほかにpHが挙げられます。寿司や酢の物など低pHの食品が好まれ、醤油、味噌も低pHです。

乳酸は牛フィレ肉や、鮪《まぐろ》や鰹《かつお》のような赤身の魚肉に多く含まれており、どちらの料理にもこれらが多く用いられることから、共通の重要な因子です。日本料理では、次が塩分、アミノ酸、フランス料理では、タンパク質、油脂となり、両者の特徴がはっきり分かれます。中華料理もフランス料理と同様です。

アミノ酸の一つであるグルタミン酸は、昆布の旨味成分で、醤油や味噌に多く含まれ、鰹節のイノシン酸、椎茸のグアニル酸と並んで、日本人が最も好む旨味の素ですが、タウリンなど海老や貝類に多いアミノ酸の味が好まれるのも、アミノ酸の貢献度が高い要因の一つです。最近、日本料理の普及と並んで、旨味への関心が世界で高まり、フランスやアメリカの有名なシェフ達が鰹節や昆布だしを用いるようになったそうで、アミノ酸の順位が上がるかもしれません。

相性の評価は、先に述べた清酒のタイプ分類を行った同一の審査員により行いました。

料理別に評価シートを用意し、右の欄には、その料理を作ったシェフが意図した料理の特徴、たとえば仔羊の香草焼きであれば、仔羊肉の香り、ジューシーな味わい、かりっとした焼き具合、香草の風味、マスカットソースのフルーティーな香味などを具体的に記し、その各々について供試酒との相性を、いっそう美味しくなった（1点）、変わらない（0点）、まずくなった（マイナス1点）の3段階に評価し、それぞれの印象を具体的に記入します。

結果の数例を表12・1～12・3に示しますが、審査員全員の評価平均点が1～0・4を◎、0・3～マイナス0・6を○、マイナス0・7～マイナス1を△と表示しています。

大事なことは、人の嗜好は多様であり、当然審査員の中でもある料理と酒タイプの相性の評価はさまざまで、表に示すデータは審査員全員の傾向を示すに過ぎないということです。

日本料理の中で、肉類や魚介を用いた和風料理は4タイプのいずれとも相性が良いものが多く、たとえば焼き鳥では香りの高いタイプを除いて、いずれも◎で、コクのあるタイプは、鶏肉の旨味が豊かになり、酒のコクが増す、熟成タイプでは、鶏肉、レバー、山椒の風味が増すと評価されました。面白いのはしらすおろしで、香りの高いタイプ、軽快なタイプ、コクのあるタイプいずれも◎、香りの高いタイプでは、大根の甘味が増し、酒の後味がすっきりするに対し、コクのあるタイプではシラスのほど良い苦味とコクがまとまり、酒の香味もまとまると、それぞれの内容が異なって評価されています。

豆腐料理は熟成タイプとは相性が悪いようですが、湯豆腐は酒を美味しくするようで、昔から酒の肴として用いられてきたのもうなずけます。

野菜料理は筑前煮を除いて、香りの高いタイプと熟成タイプには不向きのようで、軽快なタイプとの相性が優れています。ただ、肉料理、魚介料理と違って、酒の香味を高める働きは低いようです。前述のおでんはあまり評価されず、より相性の良い料理が多いことを教えてくれる結果となりました。

洋風料理ではポークカレー、チーズのようにスパイシーな料理や香味の特徴が強いものや、その逆で、ロールキャベツのように個性的な特徴より穏やかな香味を重視するものの評価が低い結

表12·1　清酒と和風料理の相性

料理 素材	料理 調理法	料理 メニュー	日本酒タイプ	評価	コメント	解説
肉類	焼く／炒める	焼き鳥	香り	○		鶏肉の部位、焼き方、様々なタレが酒の多様さと様々な調和を示し、組み合わせがいかに大切かの良い材料である。
			軽快	◎	—鶏肉の味を損なわず、すっきりさせる（塩焼き）。	
			こく	◎	—鶏肉の旨味が豊潤になる。酒のコクと深味が増す（塩焼き）。—鶏肉の旨味、タレの風味が酒の味と一層バランスする（正肉、タレ焼き）。	
			熟成	◎	—鶏肉の風味増す（皮・塩焼き）。—レバーの風味増す。山椒の風味増す（レバー、タレ焼き）。	
	煮る	すき焼き	香り	△		前述のように肉のくどさが除かれ、旨味と割下のコクが強調されるが、その他の具はねぎでもコク、熟成タイプの香味がはるかに強い。香りタイプの香りはこれと調和しない。
			軽快	○	—肉の脂が乳化してまるく感じる。酒がなめらかに感じ、ワインタッチで飲める。	
			こく	○	—酒とのバランスよく肉の旨味、割下のだしの旨味引き出す。	
			熟成	○	—牛肉の風味、酒の酸味・甘味際立つ。口中に旨味広がる。	
魚介類	揚げる	小あじ南蛮漬	香り	◎	—アジの香りが引き立つ。酒の酸と甘酢がマッチしてさっぱりする。	酢と酒は本来は合わせにくい。油でこげた部分のフレーバーが加わって相性が決まる。雑味のある酒でも相性はよいはず。
			軽快	○	—アジと野菜の味が協調する。酒の香味は薄まる。	
			こく	◎	—アジの旨味、酒の香味ともに増し、とてもよく合う。	
			熟成	◎	—アジのこげ風味と野菜の風味が増し、酒の旨味とのバランスがよくまろやかで豊かな味となる。	
	焼く／炒める	さんま塩焼き	香り	○	—背の方とは合う。大根おろしを加えると生臭さ消え、酒の香り立つ。	さんまの温度が高い方が酒と相性が良い。
			軽快	◎	—酒が舌先を洗い味がすっきりする。大根おろしを添えると料理の味引き立つ。	
			こく	◎	—さんまの旨味が増す。とくに腹身とよく合う。	
			熟成	○	—全体に旨味が増す。とくに腹身と合う。	

表 12·2　清酒と洋風料理の相性

料理 素材	料理 調理法	料理 メニュー	日本酒タイプ	評価	コメント	解説
肉類	揚げる	とんかつ	香り	△		とんかつの油、味のくどさを軽快タイプの香味が消す。ソースによりその効果がさらに強まる。こくタイプは中濃ソース程度の酸、甘さ、スパイシーさと良く適合する。
			軽快	○	—ウスターソース／中濃ソースで食べると旨味が増す。	
			こく	○	—料理と酒の力がバランスしている。 —ウスターソース／中濃ソースでトンカツ・酒・ソースのバランスすべてよい。	
			熟成	△		
		鶏唐揚げ	香り	○	—鶏肉の旨味増す。皮の香ばしさと合う。	鶏の風味が酒の香（アルコール含む）、味により高まるが、酒の香味も高まり、酒の肴としても優れている。
			軽快	◎	—鶏肉の香り増し、味さっぱりとまとまる。	
			こく	◎	—酒がやや強いが、濃いめの下味なら合う。	
			熟成	◎	—酒を先に飲むと鶏肉の香ばしさ、風味が増す。 —熟成酒の風味が出る。	
	焼く／炒める	豚肉しょうが焼	香り	△		とんかつと同様、油くどさを洗い流し、旨味が浮き上がってくる。 熟成タイプのカラメル風味が肉、しょうがの風味を強める。 とんかつと同様、香りタイプの香りは肉の風味と調和しにくい。
			軽快	○	—酒が脂を洗い流すが、肉の旨味は残る。	
			こく	△	—酒の香りが際立つ。	
			熟成	◎	—豚肉のコクが増す。味が豊潤になる。	
		ハンバーグステーキ	香り	○	—牛肉の風味が増し、味のレベルは合う（和風）。 —ソースの甘味と肉の香りが酒と合う（カクテルソース）。	とんかつ、豚肉しょうが焼きと同様、油くどさを洗い、旨味、ソースの風味を引き立てる。特に熟成タイプのカラメル風味は肉、ソースと調和し、その特徴を強める。
			軽快	◎	—牛肉の旨味が増し、酒のさわやかさ際立つ（和風）。 —酒がやわらかく、肉の味もよくなる（カクテルソース）。	
			こく	◎	—肉の旨味、酒のこく・香りが調和する（和風）。 —肉、ソースのこくと酒の強さが合う（カクテルソース）。	
			熟成	◎	—照り焼き味の香ばしさ増す。まろやか（和風）。 —肉の旨味・風味一段と増す。コニャック様の余韻がある（カクテルソース）。	

果となりました。鶏の唐揚げ、ハンバーグステーキ、プレーンオムレツ、スパゲティナポリタン、エビ、ホタテのグラタンの評価が高く、とんかつの評価が低いのは予想外で、それぞれの料理に合う酒タイプは異なりますが、一般に軽快タイプ、コクのあるタイプに合う料理が多く、香りの高いタイプに合う料理は少ないようです。油の使用量が多く、料理の味が重くなることも理由の一つかも知れません。

このように、清酒と日本料理の相性については、意外に複雑で、たとえば、刺身は表には載せませんでしたが、鮪、鯛、貝類とそれぞれ微妙な違いが見られます。その中では鮎の塩焼きがいずれのタイプにも合う結果となりました。香ばしく焦げた皮、ほど良い油と塩の効いた淡泊な味が4タイプそれぞれで異なって強調され、焼き魚と清酒との相性の良さを示す好例といえましょう。落語に出てくる八つぁん、熊さんの晩酌のお供である焼いた目刺しは、最高の酒の肴です。

表12・3に4タイプと中華料理の相性評価結果を示します。軽快なタイプ、熟成タイプは多くの料理と優れた相性を示しましたが、香りの高いタイプは八宝菜を除いて低い評価でした。八宝菜は清酒との相性が良く、焼き餃子、かに玉がこれに続きます。料理の甘さやコク、まろやかさを引き立てる他に、酒をまろやかにする効果も高いようです。

表12·3　清酒と中華料理の相性

料理 素材	料理 調理法	料理 メニュー	日本酒タイプ	評価	コメント	解説
肉類	焼く／炒める	焼餃子	香り	△		エステル香、アルコール味が強く出る酒は一般に中華料理と合わせるのに注意が必要である。
			軽快	◎	―酒の軽さが料理の味・香りを引き立てる。酢醤油ともマッチする。	
			こく	◎	―酒と料理の風味に相乗効果が生じる。こくが増す。	
			熟成	◎	―酒の味・香りがおだやかになる。料理に高級感生じる。	
	蒸す	しゅうまい	香り	△		ある程度力の強い酒質が必要である。
			軽快	○	―しゅうまいのまるい味と酒のやわらかさが調和する。 ―酒の力強さが肉の旨味を引き立てる。	
			こく	◎	―酒の旨味、甘味がバランスしすっきりする。	
			熟成	◎	―酒の香り、酸味が和らぎまろやかになる。	
卵	焼く／炒める	かに玉	香り	△		卵、かにの風味いずれもエステル香やアルコール味には合い難い。
			軽快	◎	―卵の風味、かにの甘さが増す。さっぱりとした味になる。	
			こく	◎	―卵と酒がお互いにこくを引き出す。	
			熟成	◎	―卵の風味、たれの風味が複雑になり、料理全体にこくが出る。	
魚介類	焼く／炒める	海老チリソース炒め	香り	△		本場の料理ではコショーを沢山使うがこの料理はコショーが少なく軽いチリソース炒めである。家庭料理でよく使われる中華調味料による味付けが評価の分かれた1つのポイントであった。
			軽快	○	―酒は辛さを抑えて海老の甘さを引き出す力と、舌を洗う両方の役目を果たしている。	
			こく	△		
			熟成	○	―酒と料理の酸が一致、酒の助けによって料理の辛さとこくが生きてくる。	
豆腐	焼く／炒める	麻婆豆腐	香り	△		辛みと酒は意外に相性が良い。グルタミン酸ソーダがもう少し少ない方がもっと合っただろう。
			軽快	○	―豆腐と肉の味を酒が一体化し、まろやかにする。豆腐の甘味を増す。	
			こく	○	―生姜、長ねぎの香りが酒の香りを引き出し、酒がうまくなる。	
			熟成	○	―酒の香味は豆腐には強すぎるが、肉やねぎ、生姜、豆板醤の風味を引き出し、料理の味わいを高める。	

野菜	焼く／炒める	八宝菜	香り	◎	—野菜の甘味が広がる。豚肉、うずら玉子、イカも良い（銀あん）。	野菜の持つ旨味、甘味が酒により引き出される。
			軽快	◎	—料理のこく、甘味高まる。エビ、イカ、玉子なども良い（銀あん）。 —オイスターソースの旨み増す。エビ、イカ、玉子なども合う（醤油あん）。	
			こく	◎	—野菜、しいたけ、玉子などの風味増す（銀あん）。 —ソース味がさっぱりする（銀あん）。	
			熟成	○	—中華的な風味が加わる（銀あん）。	
	生	春雨サラダ	香り	△		春雨、米粉、糸こんにゃくなどの素材は、それぞれの食感、味のしみ具合の違いにより、酒との対応に微妙な違いを生じる。
			軽快	◎	—さっぱりと仕上げの料理の軽さと酒の軽さのバランスが良い。春雨の風味とのどごしが良い。	
			こく	○	—ドレッシングの油や醤油の風味に酒のこくが加わり、全体にまろやかになる。	
			熟成	◎	—ゴマ油・ハムの風味と古酒の香りが相乗効果を生む。料理全体の風味がレベルアップし、酒もまろやかとなる。	
麺類	焼く／炒める	ソース焼きそば	香り	△	—野菜、ソースの風味引き立つ。マヨネーズを加えると焼きそばの旨みが増す。	オイスターソースを使ったため、やや「高級感」のある焼きそばとなっている。マヨネーズは個人の好みもあるが、相性を大きく左右するオールマイティーな存在である。
			軽快	◎	—料理の油っぽさをなくし、主食として食べるのには合う。	
			こく	○	—豚肉、麺の旨み、キャベツの甘さなどが引き出され酒も丸くなる。ソースを加えると後味の余韻が増す。	
			熟成	◎	—スパイスの香味が調和し、酒がまろやかとなる。マヨネーズソースをつけると味がさらに豊かになる。	

最近のフランス料理では、日本料理の影響を受け、鰹節や昆布を用いたり、盛り付けを工夫し、素材の味をより強調する傾向があります。その点も考慮して、表12・4に示す料理を選択しました。

フランス料理の特徴の一つとして、食卓に供される料理同士あるいは酒と料理との関係、さらには一皿の料理の中の素材やソース相互の影響を重視することがあり、たとえば、素材とソースが一体となって素晴らしいハーモニーが形成され、新しい香味が生じるような料理を尊重する傾向があり、われわれの相性評価でも、清酒と料理が混然一体となり、第3の香味が感じられることがあり、最高の評価をしました。ただ、フランス料理と清酒の相性は日本料理のそれほどわかり難くはなく、予想した以上に面白いマッチングが感じられました。日本料理と清酒の組み合わせではあまり見られないことですが、ワインとフランス料理との間には、前述のような第3の香味が生まれる例が多く見られます。ワインは豊かな香りや強い酸味、渋味を持つ一方で、適合する料理の幅は清酒よりはるかに広く、たとえば、河豚《ふぐ》ちりなどは赤ワインと併せると、生臭さが消え、さっぱりとしながらコクのある味わいを感じ、清酒と違った楽しみが味わえます。

フランス料理の素材や味付けと清酒4タイプの相性には次のような傾向が見られます。

素材別に見た相性の傾向

（イ）肉料理には、熟成タイプが合う

（ロ）魚料理には、熟成タイプと軽快なタイプが合う

（ハ）海老や貝料理には、どのタイプも比較的良く合う

料理の味付けから見た相性の傾向

（ニ）油の多い、濃い味付けの料理は、熟成タイプが合う

（ホ）薄味に仕上げた魚介料理には、香りの高いタイプも合う

表12·4　清酒とフランス料理の相性

料理名		特徴（日本酒のタイプ）	香りの高いタイプ	軽快でなめらかなタイプ	コクのあるタイプ	熟成タイプ
オードブル	魚介のゼリー寄せ	ウニ・貝柱・キャビア他。野菜のムース。香草	◎	○	○	○
	蛤のマリネ	ガーリック味。香草付き	○	◎	○	◎
魚料理	舌平目の白ワイン蒸し	キノコ入りソース	○	◎	○	◎
	スズキのパイ包み焼き	赤ピーマン・ソース	○	◎	○	◎
	真鯛のポワレ	バルサミコ酢のソース	◎	○	○	◎
海老・貝	伊勢海老のアメリカ風	甘味のソース。バターライス付き	○	◎	○	◎
	アワビの海藻蒸し	アワビの肝入りソース	◎	◎	◎	○
肉料理	牛フィレ肉の網焼	ドミグラス・ソース。温野菜付き	○	△	○	◎
	仔羊の香草焼き	マスカット入りソース	○	○	○	◎
	ビーフシチュー	赤ワインソース	△	○	○	◎
	仔羊のカツレツ	アンチョビバター添え	○	○	△	◎

凡例
◎：大変よい組合わせ
○：よい組合わせ
△：あまりよくない組合わせ

もちろん、この傾向は、白ワインには魚料理、赤ワインには肉料理といった従来からある大雑把な認識と大同小異で、より詳細な検討が必要なのは言うまでもありませんが、清酒4タイプの特徴から見て、より突っ込んだ説明が可能です。

① 熟成タイプは、豊かな香り（バター、スパイス、蜂蜜、チーズ様）と複雑な味わいがあるため、同様な香味を持つフランス料理との相性の範囲が広い

② 軽快なタイプは、香味がソフトで、バランスが良いので、繊細な味を持つ魚介料理などと相性が良い

③ 香りの高いタイプは、香りが個性的で、合う料理が限定される

④ コクのあるタイプは、清酒特有の味わいがあり、それに合う料理が限定される

このように結果を整理すると、フランス料理との相性評価は熟成酒が圧倒的に高いことが明らかです。ただ、現状は、熟成酒の認知度は低く、市販酒もごくわずかで、熟成酒の生産には長年月を要することを考えると、消費者に広く楽しんでいただくためにはまだ時間がかかりそうです。

伝統的色彩の濃い清酒の世界にも、日本や世界の激しい食の流れにつれて、大きな変化が訪れていることは確かなようです。

13章　酒の未来

長い間、酒の最も重要な働きは快い酔いでした。古代の集団飲酒でも、江戸時代の独酌でも、酔うことが主たる目的であったのです。しかし、特に近年、健康への関心の高まりや飲酒運転など社会への影響に対する関心も高まり、過度な飲酒や泥酔への不寛容の風潮が一般的となり、酒の役割は大きく変わりつつあります。

現在の食については次のような特徴が挙げられます。

(一)飽食―食のレジャー化、情報化
(二)調理機能の社会化、産業化―外食、調理食品の増加、おふくろの味の消失
(三)食の多様化、国際化
(四)自然への憧れ―旬、産地特性の希薄化とそれへの欲求
(五)健康への重視―食品の機能性、安全性への関心の高まり

(一)については、日本人のカロリー摂取量が必要量を大きく超え、肥満やメタボリックシンドロームへの懸念が多くの人に広がっています。酒も例外ではなく、アルコールは高カロリー物質ですから、たとえば、清酒180mLのカロリーは米飯1杯に相当します。飯か酒かどちらを取るかとの選択は、多くの方が経験されているのではないでしょうか。一方で、食のレジャー化が進み、酒の香味を楽しみ、容器やラベルのデザインに関心が寄せられるようになり、それらを巡って、仲間同士、家庭内でも会話が弾み、絆が強まり、酒のいっそうの情報化が求められています。

（二）と（四）については、料飲店向けの酒の情報化の強化、たとえば季節毎の郷土料理とそれに合わせた地酒の提供などが急務でしょう。このように見てくると、人の心に寄り添い、人々の絆を深める酒の大切さが良くわかります。最近、バーや居酒屋にも若い女性の姿を見かけることが多くなりました。それぞれ好きな酒と料理を注文し、適度な酔いを楽しむのはストレス解消にも最適で、若い方々の長い人生を通して、さまざまな酒を知り、生活を豊かにしていって欲しいと願います。酒の種類はきわめて多く、その楽しみ方も数知れず、広がっていますから。

最後に、白居易の詩を掲げて、筆を擱くことにします。

甕頭竹葉経春熟　　甕の竹葉酒は春を経て熟した
階底薔薇入夏開　　階下の薔薇は夏に入って咲いた
似火浅深紅壓架　　火のような濃い紅薄い紅は棚に重く垂れ
如餳気味緑粘臺　　水飴のような甘い酒の香りが台に粘る
試将詩句相招去　　試みに詩を書いて友を招いたが
儻有風情或可来　　もし心あらば来てくれるだろうか
明日早花応更好　　明日早朝の花はさらに良いであろう
心期同酔卯時盃　　早朝の酒を酌み交わそう

コラム　酒と文学～一人酒

白玉の　歯にしみとほる　秋の夜の
酒はしづかに　飲むべかりけり

若山牧水の名歌です。繰り返す「し」の音が独特のリズムを生み出して、清らかなくつろぎが感じられます。酒場の喧騒の中より、やはり秋の庭に向かい、すだく虫の音をききながら杯を傾ける、月の光が真珠のような歯に当たる、このような情景が浮かぶ日本らしい歌です。

同じ一人酒でも、唐の大詩人李白の詩はまったく違う景色をみせてくれます。筆者の大好きな詩を記しましょう。

花間一壺酒　独酌無相親
挙盃激名月　対影成三人
月既不解飲　影徒随我身
暫伴月将影　行楽須及春
我歌月徘徊　我舞影凌乱
醒時同交歓　酔後各分散
永結無情遊　相期邈雲漢

花下一壺の酒、独酌相手はいない。
盃を挙げて名月の昇るのを迎え、月と我とわが影で三人。
月はもとより酒を飲まず、影はただ我に従うのみ。
しばらくの間月と影を伴って、この春を逃さず行楽しよう。
我歌えば月徘徊し、わが舞に影乱れる。
醒めている時は共に交歓し、酔うた後はそれぞれ分かれ散る。
永く無情の交わりを結ぼうと、はるか天の川の彼方に再会を約す。　（青木正児訳）

誠に気宇雄大、心が広がります。一方は内に向かって深く沈積、他方は虚空に広がる。それぞれベクトルは反対でも、両者に共通なものは透明な悲しみでしょうか。

参考にした本

東京大学公開講座（1976）『酒』東京大学出版会.

青木正児（1964）『中華飲酒詩選』筑摩書房.

吉澤　淑他編（2002）『醸造・発酵食品の事典』朝倉書店.

吉澤　淑（1992）『酒の文化誌』丸善ライブラリー.

加藤百一（1987）『日本の酒 5000 年』技報堂出版.

秋山裕一ら（1979）『清酒製造技術』日本醸造協会.

吉澤　淑 編（1995）『酒の科学』朝倉書店.

村上　満（1984）『「ナマ樽博士」の世界ビール紀行』東洋経済新聞社.

橋本直樹（1998）『ビールのはなし』技報堂出版.

ワイン学編集委員会 編（1991）『ワイン学』産業調査会.

山本　博・湯目栄郎 監修（1997）『ワインの事典』産調出版.

古賀　守（1975）『ワインの世界史』中央公論社.

湯目英郎（1984）『ワインの話』新潮社.

アルコール健康医学協会（1996）『日本の酒の文化』.

坂口謹一郎（1957）『世界の酒』岩波新書.

坂口謹一郎（1964）『日本の酒』岩波新書.

野白喜久雄ら 編（1982）『醸造学』講談社.

栗山欣弥ら 編（1996）『お酒の健康科学』金芳堂.

梅田悦生（1997）『飲酒の生理学』裳華房.

嶋谷幸雄（2003）『ウイスキーシンフォニー』たる出版.

国税庁課税部酒税課（2016）『酒のしおり』.

酒類総合研究所（2015）『酒類総合研究所報告 第 187 号』

モルトフレーバー 128
諸白 65
もろみの段仕込み 67

ヤ　行

焼き鳥 152
薬酒 85
薬味酒 66
野菜料理 152
八塩折の酒 61
野生酵母 69
山田錦 69, 73
山廃酛 75
酔いと供試酒のアルコール濃度 5
洋風料理 150, 152
容量% 12
抑制 20
抑制機構 2
余剰汚泥 79

ラ　行

ライ・ウイスキー 89
ライ麦 91
ラクトン 31
ラントワイン 104
ランビック 56, 141
リースリング 38
リキュール 85
リゾープス・ジャバニクス 23
律令時代 60
リナロール 98, 101
利尿作用 53
リノール酸 20
硫化水素臭 118
料理との相性 102, 144
緑色ブドウ 38
緑麦芽 50
リラックス効果 9
リンゴ酸 17
ルプリン粒 53
冷酒 110
冷凍機の発明 49
レツィーナワイン 30
連続（式）蒸留機 87, 89
ロイシン 19
濾過 52, 54, 84
濾過機 78

ワ　行

ワイン 57, 66, 98, 106, 107, 144
——きき酒講座の評価法 115
——きき酒採点表 116
——と料理の相性 144
——のきき酒グラス 115
——の醸造工程 38, 42
——の評価 114
——文化 102
——法 103, 104
わが国の主要品種のブドウ 38
若ビール 53, 54
和風料理 150, 152

ヘテロ型 8, 25
ペプチド 52
ベルギー 56
ベルモット 44
ベルリナーバイス 56
変異株 17
変性 74
芳香生産力の高い酵母の利用 70
ポートワイン 44
ボックビール 55
ポットスチル 82
ホップ 48, 49, 52, 53, 100
ホップ香 18
——の香り 117
——由来の香味 118
補糖法 34
ほど良い苦味と旨味 109
ボトリシス・シネレア 43
ホモ型 7, 8, 25
ポリフェノール 17, 31, 43
——成分 98
——の抗酸化作用 11
ボルドー 38
ボルドー大学 115
ホロ酔い 4
ホワイトオーク 83
ホワイトリカー 84, 85
本格焼酎 87
——鑑評会審査カード 125
——製造工程 87
本醸造酒 71, 137
本膳 63

マ 行

マスカット・ベーリーA 36
マデイラ 44, 57
マルトース 22, 52
マルビジン 99
マロラクティック発酵 25, 42
未熟臭味 118
未受精の雌花 52
水 61, 64, 71, 76
水酒 62
ミズナラ 83
水割り 96
味噌 24, 63
密閉（発酵）タンク 54, 70
ミトコンドリア 14
ミネラル 18, 74
宮水 67
味醂 66
無機窒素化合物 18
ムコール 23
蒸し 74
蒸米 23, 61, 64, 76
蒸米の溶解糖化 75
むらさめ 105
メラノイジン反応 140
メルロー 38
免疫活性 25
免疫性 80
餅麹 23, 24
糯米 61
モニュマン・ブルー 46
モルト・ウイスキーの製造工程 91

——酵母　53
——純粋令　49
——醸造　18, 50
——の泡　53, 54
——の香味の特徴　118
——の醸造工程　51
——の評価用語　118
——の歴史　46
——麦芽　50
菱垣廻船　66
美人酒　21
ビターエール　56
ビターホップ　53
老ね香　140
ピノ・ノワール　38
評価法　114
表現用語　114
ピルスナータイプ　49, 50, 108, 118
ピルスナービール　56
ピルゼンタイプビール　100
ピルビン酸　14, 19
貧窮問答歌　62
品質管理　114, 119, 132, 133
瓶詰　70
ビンテージイヤー　104
瓶内熟成　43
瓶内発酵　56
ファインスピリッツ　82
フィロキセラ　35
フェリクリシン　122
フォクシースメル　37
副原料　52
含み香　134
ブケ　99, 115
ブドウ　38
——果汁　17
——品種の香り　106
浮標法　12
フムラディエノン　101
フムレンエポキシド　101
フムロン　53
ブラウンリカー　84
フラクトース　17, 98
フラノン　82, 99
フランス　103
フランス料理　150
——の素材や味付けと清酒４タイプの相性　158
ブランデーのきき酒グラス　126
フリーラン　39
プルーフ　12
ブルゴーニュ　38
フレーバリング　91
プレスラン　39
フレンチパラドックス　10, 11
ブレンデッド・ウイスキー　89, 90, 92
フロールシェリー　141
プロテイナーゼ　22, 24, 52
プロバイオテック　25
プロファイル評価表　126
プロファイル法　114
米芽　22
ベース　91
ベーレンアウスレーゼ　104
壁画　46

トロッケンベーレンアウスレーゼ　104

ナ　行

直会　60
仲　77
灘　67
生米　23, 24
生酒　72, 133
生新酒　78
生貯蔵酒　72
涙　115
楢　31
苦味　101, 108, 117
苦味成分　53, 100
——の吸着　54
濁り酒　63
二酸化硫黄　39, 42
二次もろみ　88
二条大麦　50
日本酒　60
——度　109
日本人のガンの原因　8
日本料理　150
乳酸　17, 18, 69, 76, 150
乳酸菌　17, 25, 42, 69, 75
——利用酒母　75
乳酸の生成　75
熱風乾燥　52
濃醇　135, 141
脳神経機能の抑制　2
のどごし　104, 108, 117
ノンアルコールビール　49

ハ　行

バーボン・ウイスキー　89, 90, 128
灰色黴病　44
胚芽　74
排水処理　78
バイツェン　49
——ビール　55
配糖体　99
ハイボール　96
博多の練酒　65
麦芽　18, 21, 22, 47, 61
麦芽の香味　117
麦汁　52
白米　71, 74
パスツール　34
パストリゼーション　35
発芽　50
発酵　39, 53, 64, 75
発酵オリ　47
発酵終末期　77
発酵性糖　14, 21
発酵乳製品　25
バッティング　92
発泡酒　44, 49
バニリン　92, 99
ハムラビ法典　28, 46
播磨国風土記　60
バリン　19
パン　16
ビール　98, 104, 106, 107, 117
——鑑定表　118
——後発酵　119

単式蒸留　82
　――焼酎鑑評会　124
段仕込み　77
　――方式　64
淡色麦芽　52
炭層　84, 88
タンニン　43, 100
　――成分　18
タンパク質　73, 74
端麗　110
端麗で酸の少ない酒　111
チェコ　56
チチャ　21
窒素化合物　98, 101
窒素成分　53, 100
　――の香味への影響　110
千鳥足　5
茶会の料理　64
中華料理　150
中小規模の工場排水の特徴　78
チューリップ型グラス　126
中留部　92
長期熟成酒　72, 133, 137
腸内細菌叢　25
貯蔵　42, 70
著量のアルコール　70
沈降　53
付き合い酒　66
漬物　25
椿姫　57
つまみ　96
低アルコール　104, 117
低温　69
低温殺菌　35
　――法　34
低温発酵　43
泥炭　89
低比重リポタンパク質　11
デキストリン　52
適正飲酒　8
テリ　122
デルフィニジン　99
デンプン　21, 74, 79
ドイツ　55, 104
糖　69
統一された表現用語　114
糖化　17, 21, 52, 76
糖化液　52
糖化槽　52
冬期醸造　67
等級付け　114
杜氏　67
陶製の甕　31
豆腐料理　152
糖分　101
動脈硬化の防止　11
透明さ　115
トウモロコシ　18
糖類　18
ドーリオ　31
トカイワイン　33
独酌　66
特定名称酒　72
床　74
屠蘇酒　85
トムジン　85, 93

清酒と中華料理の相性 155, 156
清酒と日本料理の相性 155
清酒とフランス料理の相性 159
清酒と洋風料理の相性 154
清酒と和風料理の相性 153
——の4タイプ 135, 144
清酒の4タイプと料理の相性 150
清酒の醸造 73
清酒の製造工程 73
清酒のタイプ分類 136
清酒プロファイル評価表 134
精製 88
精白米 65, 67
成分組成 98
精米 70
精米機 74
精米歩合 71, 72
精油成分 53
精留 84
清涼感 117
世界のブドウの産地 39
赤色ブドウ 38
節会 61
セミヨン 38
全国原産地名称協会 104
全国新酒鑑評会 120
染色体 16
洗米水 78
爽快感 104, 108
爽快な苦味 53
増醸 106
双方向性コミュニケーション 124
——システム 120
僧坊酒 65
添 77
ソーヴィニヨン・ブラン 38
速醸 69
速醸酒母 75
速醸法 18
速醸酛 75, 76
疎水性タンパク質 54
ソトロン 44, 140

タ　行

ターフェルワイン 104
第3の香味 158
第3のビール 49
ダイアセチル 123
——臭 118
耐性株 80
大脳旧皮質 2
大脳新皮質 2
タウリン 151
唾液 21
多極出芽 16
棚づくり 38
種麹 74
ダマセノン 98
多聞院日記 64
樽廻船 66, 67
樽香 31
樽酒 72
樽熟成 83, 129
樽貯蔵 82
炭酸ガス 100, 108
単式常圧蒸留機 88

酒類と食品との相性 145
酒類の種類と品目 3
シュンポジオン 30
純米酒 71, 137
蒸散 74
硝酸還元菌 75
上槽 65, 70, 78
醸造 14
醸造学 68
醸造管理 114
醸造工程管理 119
醸造試験所 68
醸造法によるワインの分類 37
醸造用アルコール 72
焼酎 24, 66, 85
焼酎製造 23
小脳 3
少品種大量生産 35
——方式 49
小胞体 14
上面発酵 56
——ビール 56, 117
縄文末期 60
醤油 141
醤油の旨味 25
食卓酒 102
食中酒 144
食のレジャー化 162
食物連鎖 79
除梗破砕機 38
初留釜 91
シラカンバ 84
しらすおろし 152
白麹菌 88
白ビール 56
ジン 85, 93
真核生物 14
真核微生物 14
シングルモルト・ウイスキー 90, 92
審査カード（予審・決審） 121
浸漬 74
真正細菌 14
新鮮さ 117
新樽 128
ジントニック 93
ジンフィズ 93
水洗 74
杉特有の香気 72
スキンコンタクト 43
スコッチ・アンド・ウオーター 96
スコッチ・ウイスキー 90, 128
スコッチモルト・ウイスキー 89
スタウト 49, 52, 56
スモーキーフレーバー 89, 90, 128
スリボビッツ 57
スワンネック 82
清酒 63, 78, 98, 106, 107
（清酒） 香りの高いタイプ 136, 160
（清酒） 軽快（でなめらか）なタイプ 137
（清酒） 軽快なタイプ 160
（清酒） コクのあるタイプ 137, 160
（清酒） 熟成タイプ 137, 160
清酒酵母 17, 69, 80
——の増殖 75

酢酸　141
酢酸イソアミル　19, 20, 83, 102
酒粕　78
酒が飲めない　8
酒と音楽　57
酒に強い　8
酒に弱い　8
酒の情報化　162
造酒司　61
サッカロミセス・セレビシエ　16
サッカロミセス・バヤヌス　16
殺菌作用　53
殺菌力　16, 48
雑菌を殺す　75
さまざまなビール　55
爽やかな香り　48
酸　70
酸化法　12
酸化を防ぐ　54, 100
三献の儀　62
三種糟　61
産地特性　102
酸度　98, 100, 101, 109
酸味　106
シアニジン　99
寺院酒造　64
シェリー　44
　――樽　128
しおる　61
式三献　62, 63
色素　43
色調　115, 134
脂質　74, 100
子実体　22
自然発酵　56
渋み（味）98, 106
脂肪酸　54
ジャパニーズ・ウイスキー　90
煮沸　52
煮沸釜　52
シャルドネ　38
シャンパン　33, 44, 57, 99
集団飲酒　105
修道院　47
　――ビール　56
重量％　12
シュールリー　36, 43
縮合タンニン　99
熟成　32, 42, 54, 84, 92
熟成酒　140, 160
酒質を表す表現　109
酒税　64, 67
酒税収入　68
酒税法における酒類の定義および
　分類　87
酒石　43
酒石酸　17
酒造好適米　73
ジュニパーベリー　85, 93
ジュネバ　93
シュペートレーゼ　104
酒母　39, 67, 75
シュメール　46
主要汚濁質　79
主要香気成分　19
酒類とおでん種との相性　147

高カロリー食品 7
高カロリー物質 162
抗がん 25
香気成分 54, 100
抗凝血 9
抗血栓作用 9
抗酸化物質 140
麹 24, 64, 87
麹菌 14, 23, 24, 60, 69, 74, 105
麹菌の発芽、増殖 74
麹菌の胞子 74
麹室 74
甲州種 36
酵素剤 77
口中香 116
高度な精米 70, 105
酵母 14, 76, 79
酵母槽 79
酵母単独の処理 79
酵母による主な香気成分の生成経路 19
酵母の育種 105
酵母の育種開発 69
酵母の純粋培養 67
酵母の接種 53
酵母の増殖 64, 76
香味評価の比較 107
香味評価用語 106
香味標準化合物 114, 118
こうもり 57
甲類焼酎 87
固液混合発酵 77
コーン 90
コーンフレーバー 128
糊化 74
呼吸 14
コク 100, 110, 117
国際統一用語集 114
国際標準規格 114
コクとキレ 69, 71, 108, 109
穀類原料 17
穀類の酒 21
快い酔い 162
甑 74
古酒 72, 140
御酒 61
御酒之日記 64
国菌 24
コニャック 83
糊粉層 73, 74
米 60, 71
米麹 17, 60, 61, 71, 76
米の育種開発 69
米のデンプン粒 73
コリアンダー 85
コルク栓 33
混酒器 30
混成酒 85

サ　行

細菌 69
財政物資 67
催眠 53
再留釜 91
さかな 132
酒袋 65

きき猪口 122
菊酒 66
黄麹菌 23
木樽 31
貴腐ワイン 43, 44, 141
起泡タンパク質 53, 100
生酛 17, 25, 68, 75
生酛酒母 69
生酛づくり 137
球菌 25
急性アルコール中毒 5
饗宴 62
教会 47
凝集 53
凝集沈殿 53
強度の酩酊 5
麹子 23
キラー因子 80
キラー酵母 80
ギリシャの宴会 30
キレ 100, 109, 110
菌糸 22
禁酒法 94
——時代 95
吟醸酒 17, 19, 72, 77, 101, 102, 105, 120, 133, 136
グアニル酸 151
クエルクス・アルバ 83
クエルクスラクトン 83, 92
クエルクス・ロブル 83
クエン酸 23, 88
下り酒 66
口噛みの酒 21, 60
クバルテーツワイン 104
苦味価 101
汲みかけ 76
苦味質 100
クリーク 56
グルート 48
グルコース 14, 17, 21, 52, 98
グルタミン酸 25, 151
グレイン・ウイスキー 89, 90, 92
黒麹菌 88
黒砂糖 141
軽快な酒質 110
軽度酩酊 5
血圧上昇を抑制 24
血中コレステロール低下 24
血中濃度と酔いの状態 4
ケトイソカプロン酸 19
ケトイソバレリアン酸 19
ゲラニオール 98
ケルクスラクトン 128
ケルシュ 56
減圧蒸留 88
健胃 53
原産地統制呼称法（制度） 35, 102
原酒 72
献杯 8
玄米 65
原料仕込配合 77
原料白米 17
原料米 73
御井酒 61
抗アレルギー 24
高温糖化酛 76

宴座 62
オイゲノール 92, 99
大型木桶 65
大型仕込み桶 67
オーク樽 83
大隅国風土記 21, 60
大麦 21, 90
オクシデンタル・ヴィニフェラ 36
汚濁質 79
汚濁物質 78
乙類焼酎 87
おでん 146
オペラ 57
オリ 42, 43
オリ引き 78
オレイン酸 20
穏座 62

カ　行

加圧濾過 78
カーボニックマセレーション 43
カール大帝 32
会席料理屋 66
香りが高く端麗 69
香りの高低 135
加賀の菊酒 65
垣根づくり 38
核 14
果実香 102
果汁を清澄にする処理 43
ガスクロマトグラフィー法 12
粕湯酒 62
課税 64
活性汚泥法 78, 79
カテキン 99
カナディアン・ウイスキー 90, 91
加熱殺菌 78
加熱殺菌処理 65
カビ 21, 22
カビネット 104
歌舞伎 57
カプロン酸エチル 19, 20, 102
カベルネ・ソーヴィニヨン 38
蒲鉾 146
下面酵母 49
下面発酵ビールの醸造工程 50
下面発酵法 49
辛口の酒 111
ガラス瓶 33
カラメル麦芽 52
カラメル様香味 118
カリフォルニアワイン 34
カレー 146
桿菌 25
燗酒 110
元日節会 62
感受性 80
勧進帳 57
肝臓におけるアルコールの主要代謝経路 7
間脳 3
官能評価 114
乾杯の歌 57
生一本 72
きき酒 118, 133
　——用語 132

アミロペクチン 52
アメリカンタイプ 49
アラック 66
アルコール 2, 14
——生成能 16
——耐性 69, 75
——脱水素酵素 6
——の血中濃度と酩酊度 4
——発酵 14
——分（の測定）12, 98
アルトビール 56
——タイプ 49
アレクサンダー大王 30
アロマ 99, 115
アロマホップ 53
粟 61
泡の層 54
泡盛 66, 88
アンスラニル酸メチル 36, 98
アントシアン 38
——色素 99
アンバーグラス 121
アンフォーラ 29
硫黄燻蒸 33
イオン交換樹脂塔 88
イギリス 56
池田 66
イソアミルアルコール 19
イソブタノール 19
イソフムロン 53, 54, 100, 108
伊丹 66
一次もろみ 88
一汁三菜 64
一番搾り 52
遺伝子 16
イノシン酸 151
医薬品製造 14
色麦芽 52
飲酒量と総死亡率 9
ヴァンドターブル 104
ウイスキー 89, 126
——のきき酒グラス 126
——プロファイル評価表 127
ヴィティス・ヴィニフェラ 36, 38
ヴィティス・ラブルスカ 36, 38
ウオッカ 84
歌垣 60
旨味 151
梅酒 85
うるち米 73
ウルのスタンダード 28
上立ち香 134
エール 52
江川酒 65
エキス（分）100
液体発酵 77
エステラーゼ 20
エステル 82, 98
——香 118
エチルグルコシド 141
江戸 66
エピカテキン 99
エピカテキンガレート 99
エピガロカテキン 99
延喜式 60, 61
延髄 4

索　　引

記号・数字

βイオノン 98
2倍体 16
3-メチルオクタラクトン 99
4段かけ 78

欧　　文

AATF 19, 20
ADH 6
ADH活性 7
ALDH 6
ALDH2 7
ALDH2*1 7
ALDH2*2 7
ALDH2の遺伝子型と表現型 8
AOCワイン 35, 103, 104
ATP 14
BOD 78
ECワイン法 35
EU 103
INAO 104
Jカーブ 9
J字型カーブ 11
LDL 11
TCAサイクル 14
VDQSワイン 103

ア　　行

アーキア 14
アイスワイン 104
アイリッシュ・ウイスキー 90
アウスレーゼ 104
赤ビール 56
アクアヴィテ 89
脚 115
味 109, 134
味の若々しさ 135
亜硝酸 17, 69, 75
アスペルギルス・アワモリ 23
アスペルギルス・オリゼ 22, 23, 60
アスペルギルス・カワチ 23, 24
アスペルギルス・ソーヤ 25
アスペルギルス・フラブス 24
アセチルCoAアルコールアセチルトランスフェラーゼ 19
アセトアルデヒド 6, 7, 14
アセトアルデヒド脱水素酵素 6
安宅 58
圧搾 39
アデノシン三リン酸 14
後味 106
アブシジン酸 50
アフラトキシン 24
天野酒 64, 65
甘味 106
アミノ酸 52, 70, 141, 151
——生合成系 19
アミラーゼ 18, 21, 52
アミロース 52

著者略歴

吉《よし》澤《ざわ》　淑《きよし》

1933年　東京都生まれ

1955年　東京大学農学部農芸化学科卒業　農学博士

現　在　前東京農業大学教授，元国税庁醸造試験所長

主　著　『酒の科学』（編集，朝倉書店），『酒の文化誌』（丸善）など．

シリーズ・生命の神秘と不思議

お酒のはなし — お酒は料理を美味しくする —

2017年　7月　20日　第1版1刷発行

検　印
省　略

定価はカバーに表示してあります．

著作者　吉　澤　　淑

発行者　吉　野　和　浩

発行所　東京都千代田区四番町8-1
電　話　03-3262-9166（代）
郵便番号 102-0081
株式会社　裳　華　房

印刷所　株式会社　真　興　社

製本所　株式会社　松　岳　社

社団法人
自然科学書協会会員

ISBN 978-4-7853-5122-9